晚礼新娘化妆与造型实例教程

安洋 编著

人民邮电出版社
北京

图书在版编目（CIP）数据

晚礼新娘化妆与造型实例教程 / 安洋编著. -- 北京：
人民邮电出版社，2015.7
ISBN 978-7-115-38988-6

Ⅰ. ①晚… Ⅱ. ①安… Ⅲ. ①女性－化妆－造型设计
－教材 Ⅳ. ①TS974.1

中国版本图书馆CIP数据核字(2015)第082589号

内容提要

本书是一本晚礼新娘化妆与造型的实用教程，内容分为自然风格、靓丽风格、复古风格、浪漫风格、甜美风格、优雅风格和妩媚风格 7 部分，共有 15 个妆容设计教程和 85 个发型设计教程。每个妆容都通过配色方案和妆容重点进行解析，每款造型则包括四个角度的效果图，并有难度系数、所用手法和造型重点的说明。此外，本书中还有大量精彩案例欣赏。本书图例清晰，讲解详细，从思考角度和操作技法等方面给读者以启发。本书不仅向读者展示了打造妆容与造型的方法，更为读者提供了创作的灵感源泉。

本书适合影楼化妆师、新娘跟妆师使用，同时也可作为化妆造型爱好者的学习资料。

◆ 编　　著　安　洋
　责任编辑　赵　迟
　责任印制　程彦红

◆ 人民邮电出版社出版发行　　北京市丰台区成寿寺路 11 号
　邮编　100164　　电子邮件　315@ptpress.com.cn
　网址　http://www.ptpress.com.cn
　北京市雅迪彩色印刷有限公司印刷

◆ 开本：889 × 1194　1/16
　印张：14.5
　字数：554 千字　　2015 年 7 月第 1 版
　印数：1 – 3 000 册　　2015 年 7 月北京第 1 次印刷

定价：98.00 元

读者服务热线：(010)81055410　印装质量热线：(010)81055316
反盗版热线：(010)81055315
广告经营许可证：京崇工商广字第 0021 号

晚礼服的妆容造型设计比白纱的妆容造型设计难度大一些。晚礼的款式和色彩多样，风格也更加多变，这给妆容造型设计增加了一定的难度。

在设计搭配晚礼的妆容造型时，首先要从晚礼的风格着手，通过晚礼的风格确定妆容的感觉。例如，晚礼的色彩淡雅、面料柔和、款式柔美，妆容的设计可以向自然、浪漫、靓丽的方向靠拢，造型也会根据晚礼及妆容的风格来设计；反之，如果晚礼颜色较深、面料质感偏硬、款式相对简约，妆容则可以偏向复古、优雅、妩媚的风格。当然，这是一个基本的方向，实际操作时还要考虑到晚礼的设计细节等因素。

发型设计应该使整体效果更加协调，这需要化妆造型师对新娘的整体形象具有一定的把握能力。当不知道应该怎样搭配造型的时候，可以采取反向思维的方式。例如，完成一款较为浪漫的妆容后，可以通过服装和妆容进行排除，在自己的脑海里想象什么样的造型与之搭配后效果不会理想，排除之后，剩下的就是较为理想的造型样式。不管是妆容还是造型，变化时都要从细节到整体综合考量，读者可以结合自己的基础练习，多加思考，相信大家可以设计出更多、更完美的造型并将其运用到工作中，这才是真正的收获。

本书共分为自然风格、靓丽风格、复古风格、浪漫风格、甜美风格、优雅风格和妩媚风格 7 部分，共有 15 个妆容设计教程和 85 个发型设计教程。晚礼的妆容造型范围非常广泛，本书无法全部囊括，本书只将经典风格中的典型案例与读者分享，希望大家阅读本书后能有所收获。

感谢以下朋友对本书编写工作的大力支持（排名不分先后，如有遗漏，敬请谅解）：

慕羽、庄晨、李哩、朱霏霏、沁茹、陶子、赵雨阳、周霈、丹丹、心悦。

最后感谢人民邮电出版社的编辑赵迟老师对本书编写工作的大力支持，使本书能更快、更好地呈现在读者面前。

安洋

2015 年 4 月

自然风格晚礼妆容造型 014

017

019

021

023

025

027

029

031

033

035

037

039

041

043

045

靓丽风格晚礼妆容造型 046

049

051

053

055

057

059

061

063

065

067

119

121

123

125

127

129

131

133

135

137

141

143

145

147

149

151

153

155

157

159

161

163

165

167

目录

171

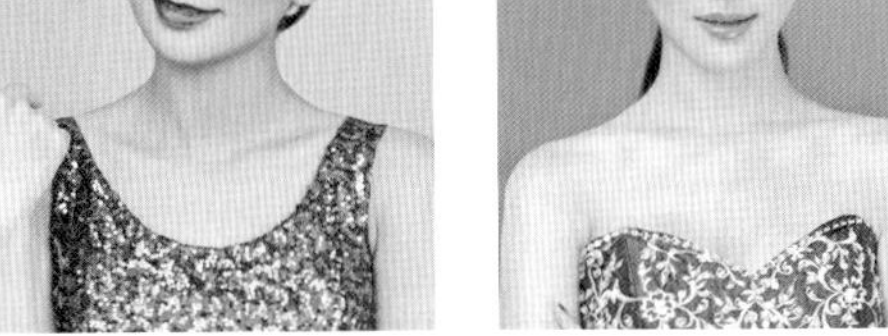
173

175

177

179

181

183

185

187

189

191

193

195

197

201

203

205

207

209

211

213

215

217

219

221

223

225

227

Hairstyle and Makeup

自然风格晚礼妆容造型

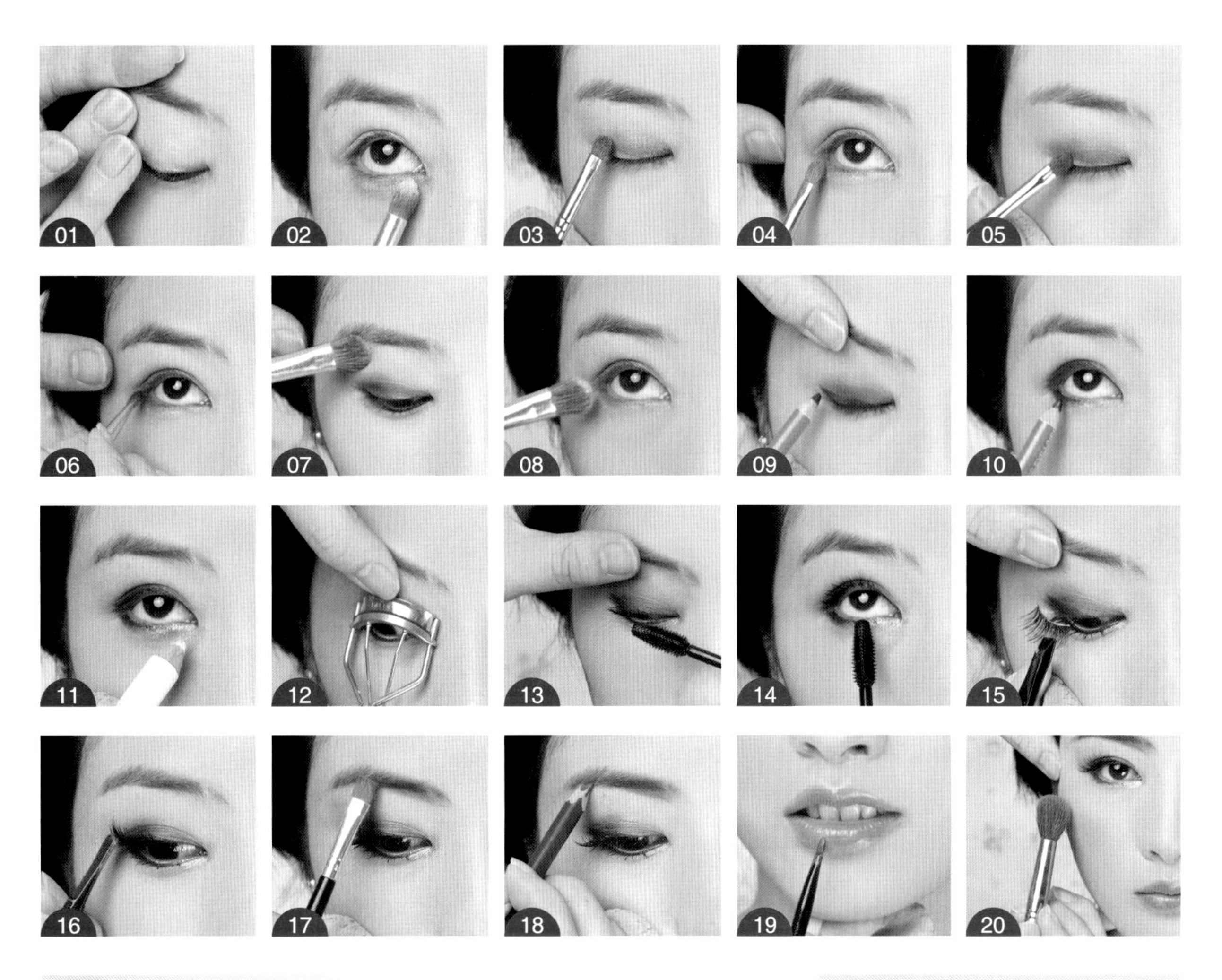

操作步骤

STEP 01 在上眼睑位置涂抹白色眼影，进行提亮。

STEP 02 在下眼睑眼头位置晕染白色眼影，进行提亮。

STEP 03 在上眼睑晕染淡紫色眼影，边缘过渡要柔和自然。

STEP 04 在下眼睑晕染淡紫色眼影。

STEP 05 在上眼睑晕染更深的紫色眼影，增加眼妆的层次感。

STEP 06 在下眼睑晕染更深的紫色眼影，面积要小于第一层眼影。

STEP 07 在眉骨位置用白色眼影提亮。

STEP 08 在下眼睑位置用少量白色眼影过渡，使眼影边缘更加柔和。

STEP 09 用铅质眼线笔描画上眼线，眼尾要自然上扬。

STEP 10 在下眼睑描画眼线，与上眼线相互衔接。

STEP 11 用白色珠光眼线笔描画眼头位置。

STEP 12 提拉上眼睑的皮肤，用睫毛夹夹翘睫毛。

STEP 13 提拉上眼睑的皮肤，将睫毛涂刷得自然卷翘，眼尾睫毛的角度要自然。

STEP 14 刷涂下睫毛，使其更加自然浓密。

STEP 15 用 1/2 假睫毛粘贴在上眼睑后半段。

STEP 16 用镊子调整假睫毛的弧度，使其更加自然。

STEP 17 用咖啡色眉粉涂刷眉毛，使眉色更加柔和。

STEP 18 用灰色眉笔描画眉毛，填补眉毛缺失的部分。

STEP 19 涂抹粉嫩感唇彩，塑造自然粉嫩的唇妆效果。

STEP 20 晕染粉嫩感腮红，提亮肤色，使妆容色彩更加柔和。

配色方案

眼妆采用淡紫色眼影与深紫色眼影相互结合，柔和过渡，形成淡雅的冷色调眼妆效果。唇妆采用粉嫩感唇彩，调和妆容色调。

妆容重点

涂刷上睫毛的时候，要提拉上眼睑的皮肤，自睫毛根部开始涂刷可以使其更加卷翘。

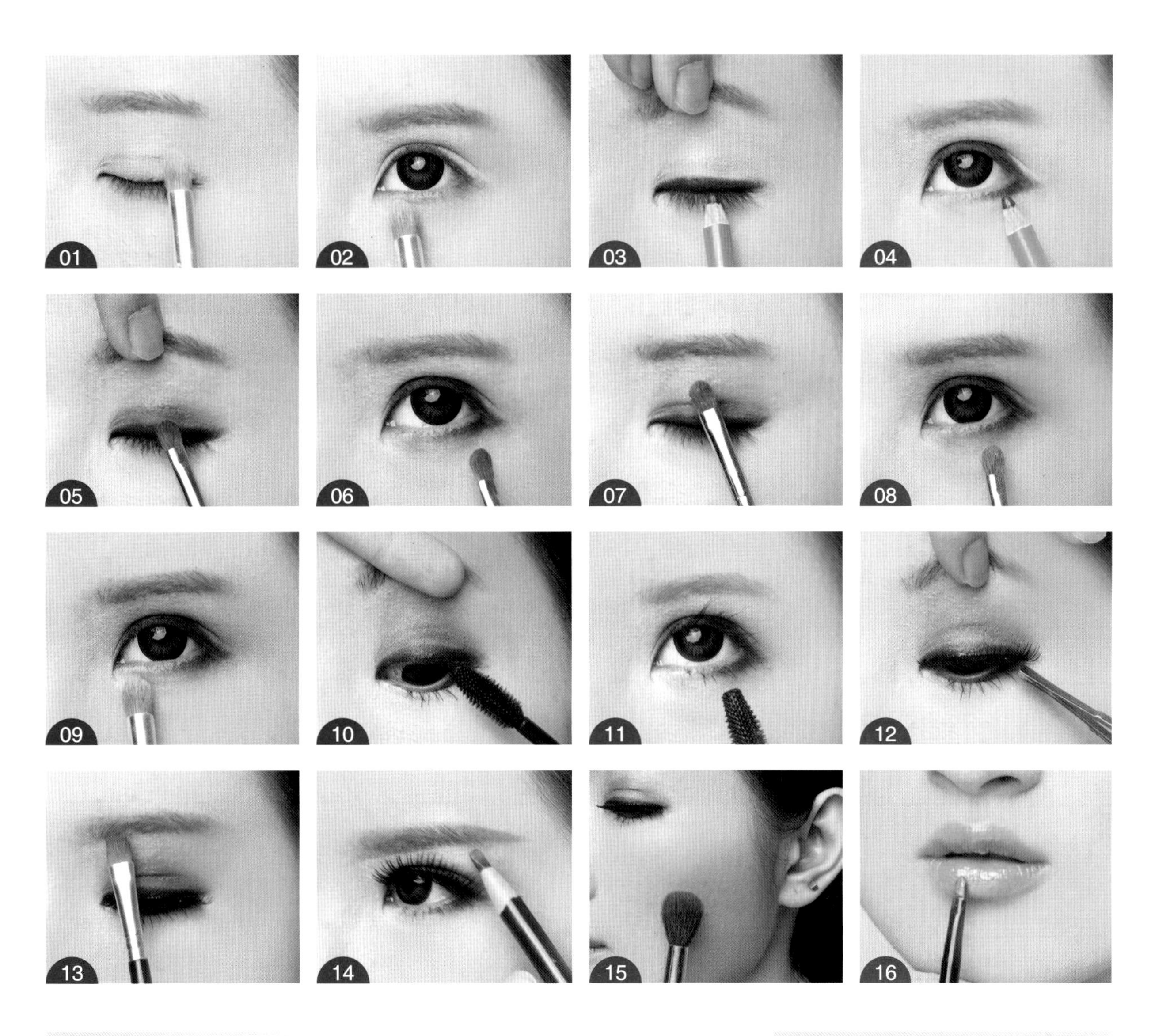

操作步骤

STEP 01 在上眼睑晕染白色眼影，进行提亮。

STEP 02 在下眼睑眼头位置晕染白色眼影，进行提亮。

STEP 03 用铅质眼线笔描画自然流畅的上眼线。

STEP 04 用铅质眼线笔描画下眼线，与上眼线相互衔接。

STEP 05 在上眼睑位置晕染蓝灰色珠光眼影。

STEP 06 在下眼睑位置晕染蓝灰色珠光眼影，柔和眼线。

STEP 07 用浅灰色眼影柔和过渡上眼睑的第一层眼影。

STEP 08 用浅灰色眼影柔和过渡下眼睑的第一层眼影。

STEP 09 用白色珠光眼影提亮眼头位置，使眼妆更加立体。

STEP 10 提拉上眼睑的皮肤，涂刷睫毛膏，使睫毛更加卷翘。

STEP 11 刷涂下睫毛，使其更加自然。

STEP 12 紧贴睫毛根部粘贴自然感假睫毛。

STEP 13 用咖啡色眉粉描画眉毛，使眉色柔和。

STEP 14 用咖啡色眉笔描画眉形，眉形要平直且偏细。

STEP 15 斜向晕染红润感腮红，调和肤色。

STEP 16 在唇部涂抹红润感唇彩，使妆容更加柔美。

配色方案

眼妆采用灰蓝色珠光眼影与浅灰色眼影相互结合，形成冷色调妆感，配合红润感唇妆，调和妆容的色彩感。

妆容重点

在处理妆容的时候，如果眼线以平缓的形式收尾，眉毛也要处理得比较平缓。

操作步骤

STEP 01 将一侧发区的头发向后扭转并固定。

STEP 02 将另外一侧发区的头发向后扭转并固定。

STEP 03 将固定后的部分头发进行三股辫编发。

STEP 04 将编好的头发向上打卷并固定。

STEP 05 继续分出一片头发，进行三股辫编发。

STEP 06 将编好的头发向上盘绕，打卷并固定。

STEP 07 继续分出一片头发，进行三股辫编发。

STEP 08 将编好的头发向上盘绕，打卷并固定。

STEP 09 将剩余的头发进行三股辫编发。

STEP 10 将编好的头发在侧发区位置打卷并固定。

STEP 11 调整固定好的头发的轮廓及层次。

STEP 12 将头顶位置的头发抽撕，使其更具有层次感。

STEP 13 将抽撕好的头发在头顶位置固定。

STEP 14 佩戴造型花，对造型进行装饰。造型完成。

难度系数

★★★★

所用手法

① 三股辫编发

② 抽撕造型

造型重点

抽撕造型的方法是用一只手捏住一片头发，用另一只手向前推，这样会有部分头发被推向前方，从而形成层次感。

操作步骤

STEP 01 用电卷棒将头发向后翻卷烫发。

STEP 02 将一侧发区的头发向后扭转并固定。

STEP 03 将另外一侧发区的头发向后扭转并固定。

STEP 04 继续从后发区一侧取头发，向后扭转并固定。

STEP 05 从后发区位置取头发，向上提拉，打卷并固定。

STEP 06 继续从后发区取头发，向上打卷并固定。

STEP 07 将剩余的头发向上提拉，打卷并固定，后发区要适当保留垂落的发丝。

STEP 08 在头顶位置佩戴珍珠发卡，装饰造型。

STEP 09 佩戴蝴蝶结饰品，对造型进行点缀。造型完成。

难度系数

★★★☆

所用手法

① 电卷棒烫发 ② 手打卷造型

造型重点

两侧刘海区保留的垂落的头发可以对脸形起到修饰作用。注意保留的头发的烫卷弯度要自然，不要处理成过于生硬的弯度。

操作步骤

STEP 01 在头顶位置取头发，进行抽撕。
STEP 02 将抽撕好的头发扭转后在头顶位置固定。
STEP 03 继续在侧发区取头发，进行抽撕。
STEP 04 将抽撕好的头发扭转后在头顶位置固定。
STEP 05 在头顶位置取头发并扭转，使其缩短。
STEP 06 将扭转的头发固定。
STEP 07 继续取头发，进行抽撕。
STEP 08 将抽撕好的头发向前固定。
STEP 09 将侧发区的头发向上提拉并扭转，进行抽撕。
STEP 10 将抽撕好的头发扭转后在头顶位置固定。
STEP 11 将顶发区的头发向上提拉，扭转并固定。
STEP 12 将固定好的头发扭转后固定。
STEP 13 将后发区剩余的部分头发从一侧带向另外一侧，扭转并固定。
STEP 14 将剩余的头发向另外一侧扭转并固定。
STEP 15 佩戴造型花，装饰造型，适当用发丝对其进行修饰。

所用手法

① 扭转固定
② 抽撕造型

造型重点

佩戴造型花之后用发丝对其进行适当的遮挡，使造型花与造型之间的衔接更加协调。

操作步骤

STEP 01 将刘海区的头发在头顶位置固定。
STEP 02 将部分侧发区及顶发区的头发从后向前扭转。
STEP 03 将扭转好的头发固定并对其层次感做调整。
STEP 04 继续从顶发区取头发，从后向前扭转。
STEP 05 将扭转的头发固定并对其层次进行调整。
STEP 06 将后发区的头发一分为二后相互交叉。
STEP 07 将其中一份发尾倒梳，增加发量和层次感。
STEP 08 将倒梳好的头发向上提拉并固定。
STEP 09 将剩余的头发扭转后用发卡固定。
STEP 10 将剩余的头发倒梳，增加发量和衔接度。
STEP 11 将头发向上提拉并固定。
STEP 12 在头顶一侧用网眼纱进行抓纱，并适当对额头进行修饰。
STEP 13 佩戴造型花，装饰造型。造型完成。

难度系数

★★★☆

所用手法

① 扭转固定
② 倒梳

造型重点

此款造型非常具有层次感，用尖尾梳倒梳时要做到乱而有序，不要有过于凌乱的散落发丝。

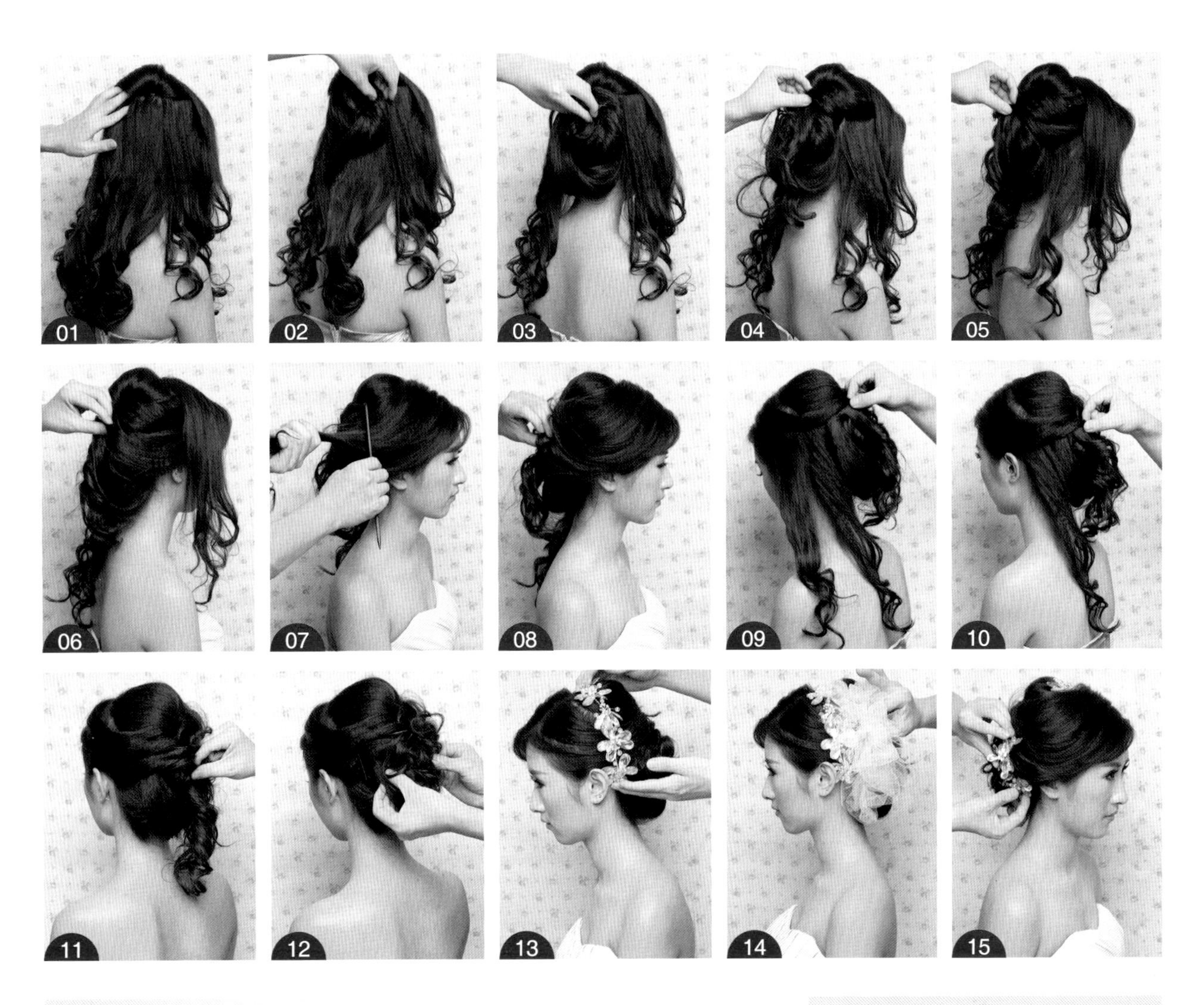

操作步骤

STEP 01 将顶发区的头发扭转并向前推，然后固定。

STEP 02 在后发区位置取头发，向上盘绕，打卷并固定。

STEP 03 将后发区底端剩余的头发向上盘绕，打卷并固定。

STEP 04 在顶发区一侧取头发，扭转后在后发区位置固定。

STEP 05 继续取头发，扭转后在后发区位置固定。

STEP 06 将侧发区剩余的头发扭转后在后发区位置固定。

STEP 07 将刘海区的头发适当扭转后倒梳。

STEP 08 将倒梳好的头发在后发区位置固定。

STEP 09 在另外一侧发区分出一片头发，扭转后在后发区位置固定。

STEP 10 将侧发区剩余的头发扭转后在后发区位置固定。

STEP 11 将后发区一侧剩余的头发扭转后在后发区位置固定。

STEP 12 将剩余发尾固定并对其层次做调整。

STEP 13 佩戴饰品，装饰造型。

STEP 14 在饰品后方抓纱，装饰造型。

STEP 15 在后发区位置佩戴饰品。造型完成。

难度系数

★★★

所用手法

① 手打卷造型

② 倒梳

造型重点

如果穿着颜色不容易搭配饰品的礼服，可以从服装上的装饰入手。例如，此款造型的服装上有装饰水钻，就可以搭配水钻头饰，整体效果也会比较协调。

操作步骤

STEP 01 在一侧发区分出两片头发，相互交叉。

STEP 02 用两股辫的形式向后发区方向编发。

STEP 03 将编好的头发在后发区底端固定。

STEP 04 在后发区位置下发卡固定，使头发更加伏贴。

STEP 05 用尖尾梳对发丝的层次做调整。

STEP 06 将头发向上提拉，并在造型一侧固定。

STEP 07 用尖尾梳对刘海区的头发适当倒梳，对其层次做调整。

STEP 08 将倒梳好的头发在后发区位置固定。

STEP 09 在造型一侧佩戴饰品，装饰造型。造型完成。

难度系数

★★★☆

所用手法

① 两股辫编发 ② 倒梳

造型重点

用移位的方式倒梳，在增加刘海区造型层次感的同时改变了刘海的角度，这种倒梳方式非常适合用来处理层次感造型。

01

02

03

04

05

06

07

08

09

10

11

操作步骤

STEP 01　在顶发区位置取头发，进行三股辫编发。

STEP 02　将编好的头发盘绕并固定，用来作为假发的支撑。

STEP 03　将牛角假发在支撑之上固定。

STEP 04　将顶发区的头发倒梳。

STEP 05　将倒梳好的头发覆盖在假发之上。

STEP 06　用气垫梳将一侧发区的头发梳理得通顺自然。

STEP 07　用气垫梳将另外一侧发区的头发梳理得通顺自然。

STEP 08　将刘海区的头发进行四股辫编发。

STEP 09　边编发边对其角度做出调整。

STEP 10　将编好的头发的发尾打卷并固定。

STEP 11　在头顶位置佩戴饰品，装饰造型。造型完成。

难度系数

所用手法

① 三股辫编发

② 四股辫编发

造型重点

牛角假发的运用起到了使造型更加饱满的作用，非常适合用来为发量较少的人打造饱满度高的造型。

操作步骤

STEP 01 在一侧发区取头发，用三股辫连编的形式编发。

STEP 02 继续向后编发，边编发边带入顶发区和后发区的头发。

STEP 03 继续编发，边编发边带入另外一侧发区的头发。

STEP 04 继续向下编发，边编发边调整其角度。

STEP 05 用三股辫编发的形式进行收尾。

STEP 06 将刘海区的头发边倒梳边向后提拉。

STEP 07 用尖尾梳对刘海区的头发的层次做调整。

STEP 08 将刘海区的头发固定，发尾要隐藏好。

STEP 09 取两侧垂落的头发用电卷棒向前烫卷。

STEP 10 继续取头发，用电卷棒向后烫卷。

STEP 11 将侧发区保留的发丝烫卷。

STEP 12 佩戴饰品，装饰造型。造型完成。

★★☆

所用手法

① 电卷棒烫发

② 三股辫连编

造型重点

在用电卷棒烫发的时候，可以适当使烫卷的位置高低不一，这样可以使卷发更有层次感。

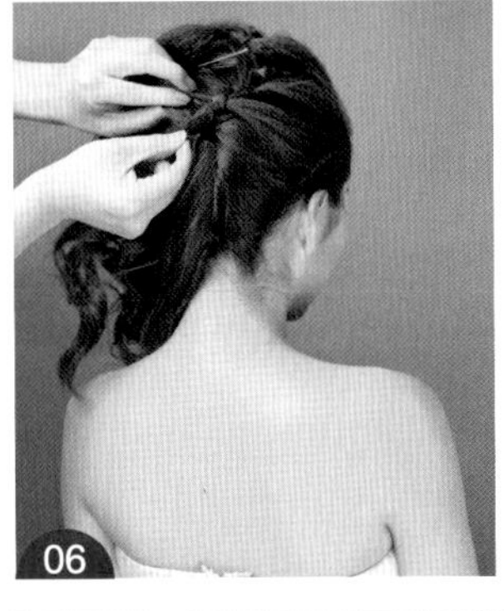

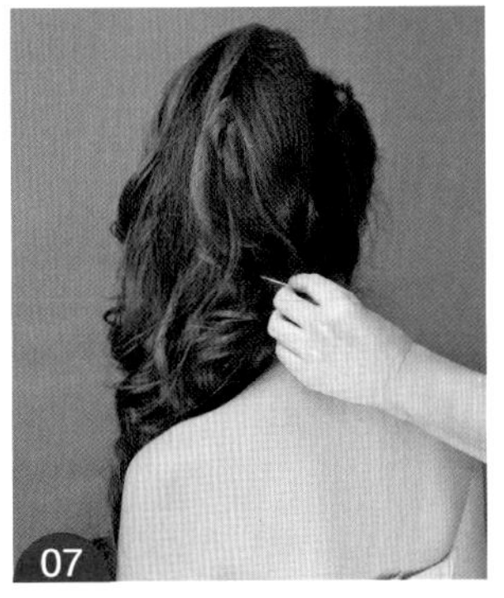

操作步骤

STEP 01 将刘海区的头发向上提拉。

STEP 02 将提拉后的头发用皮筋固定。

STEP 03 将后发区一侧的头发向上提拉，扭转并固定。

STEP 04 在一侧发区取头发，进行三股交叉。

STEP 05 将侧发区的头发进行松散的三股一边带编发。

STEP 06 将编好的头发扭转并在后发区位置固定。

STEP 07 在后发区位置用发卡对侧垂的卷发固定，使其更加伏贴。

STEP 08 将卷发的发尾进行鱼骨辫编发并用皮筋固定。

STEP 09 用干胶对头发喷胶定型。

STEP 10 佩戴绢花，对造型进行装饰。

STEP 11 佩戴网眼纱，对造型进行装饰。造型完成。

难度系数

★★★☆

所用手法

① 三股一边带编发

② 鱼骨辫编发

造型重点

使不同区域的头发在造型一侧垂落，要注意不同区域的头发的固定角度，最后要形成统一的下垂角度。

操作步骤

STEP 01　在造型两侧取适量发丝，进行烫发。

STEP 02　将左右发区的头发在后发区位置相互交叉。

STEP 03　继续取头发，交叉之后扭转并固定。

STEP 04　将后发区一侧的头发从两片头发中间掏出。

STEP 05　将掏出的发片向上提拉并固定。

STEP 06　将另外一片头发向上提拉，打卷并固定。

STEP 07　将后发区最后一片头发向上提拉，扭转并固定。

STEP 08　将剩余发尾打卷并固定。

STEP 09　将刘海区的头发倒梳，使其呈现更好的层次感。

STEP 10　将倒梳之后剩余的发尾扭转并在后发区位置固定。

STEP 11　在后发区位置佩戴蝴蝶结，装饰造型。

STEP 12　佩戴较大的蝴蝶结，装饰造型。造型完成。

难度系数

★★★★

所用手法

① 电卷棒烫发

② 倒梳

造型重点

刘海区的头发要形成蓬松饱满的轮廓和有纹理的层次感，两侧垂落的发丝烫卷要自然。

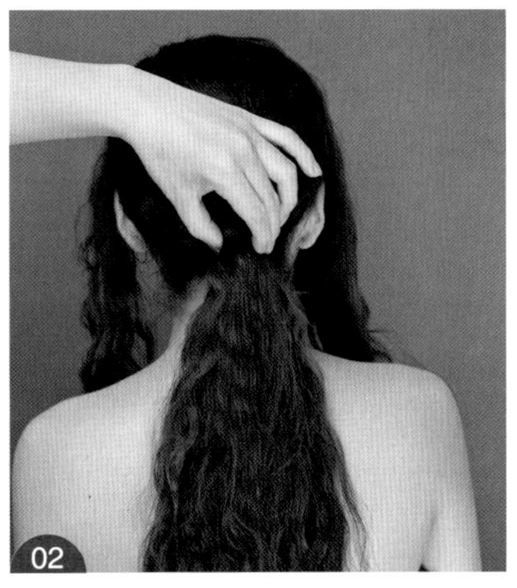

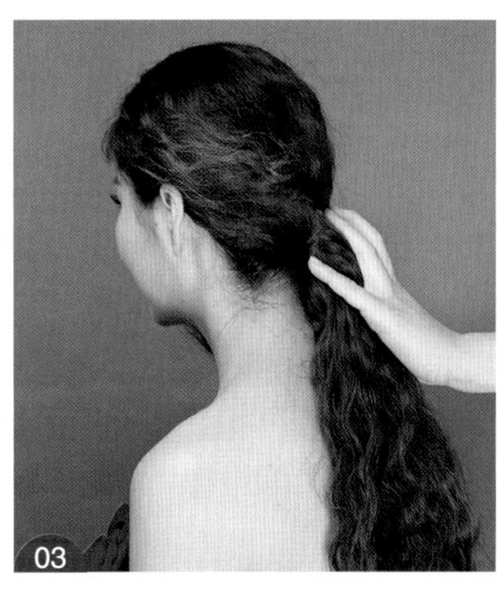

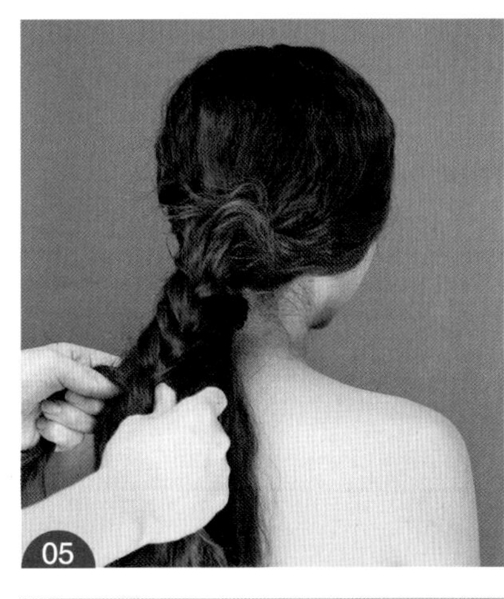

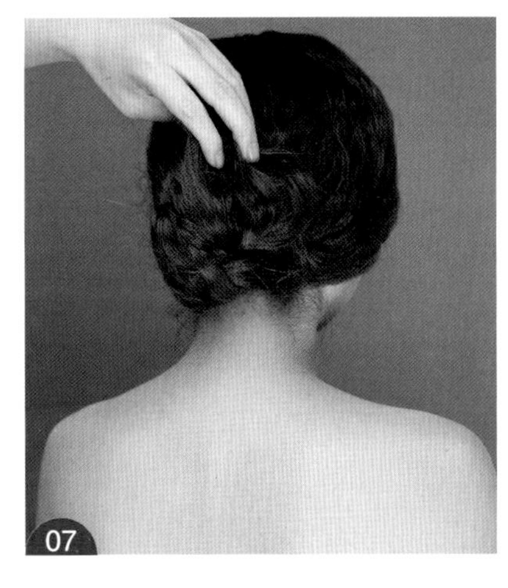

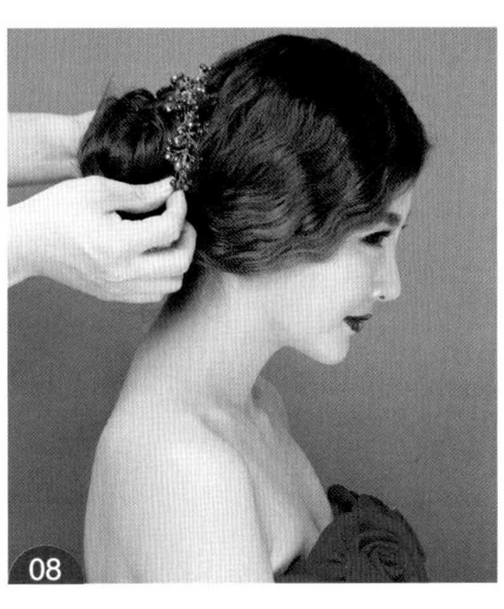

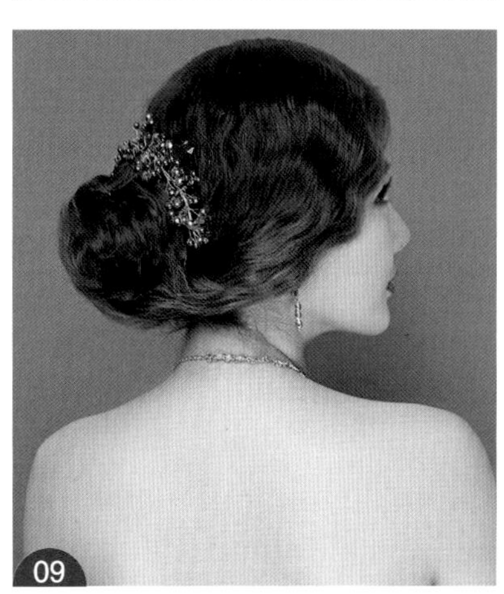

操作步骤

STEP 01 用三合一电卷棒将头发烫出弯度。

STEP 02 将后发区的头发在后发区底端扎马尾。

STEP 03 将一侧发区的头发扭转至后发区位置并固定。

STEP 04 将刘海区及另外一侧发区的头发在后发区位置固定。

STEP 05 将后发区的头发用三股辫连编的手法编发。

STEP 06 将发尾固定牢固。

STEP 07 将编好的头发向上盘绕，打卷并固定。

STEP 08 在后发区位置佩戴饰品，装饰造型。

STEP 09 造型完成。

★★☆

三股辫连编

造型重点

此款造型借助电卷棒烫出的纹理来完成造型。三合一电卷棒烫出的纹理比较平，所以在编发时要保留一定松散度，这样会使造型更加自然。

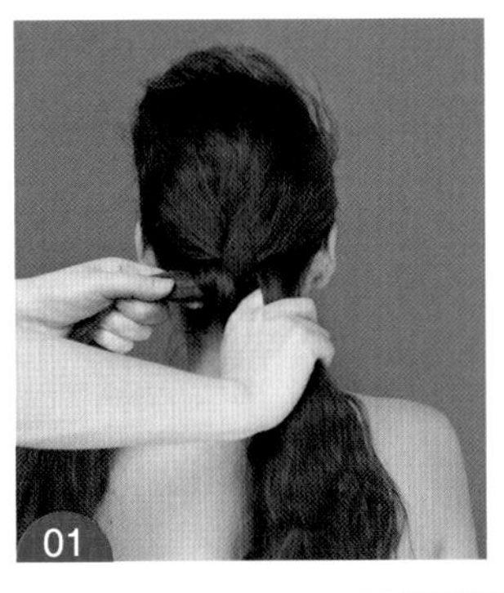
01

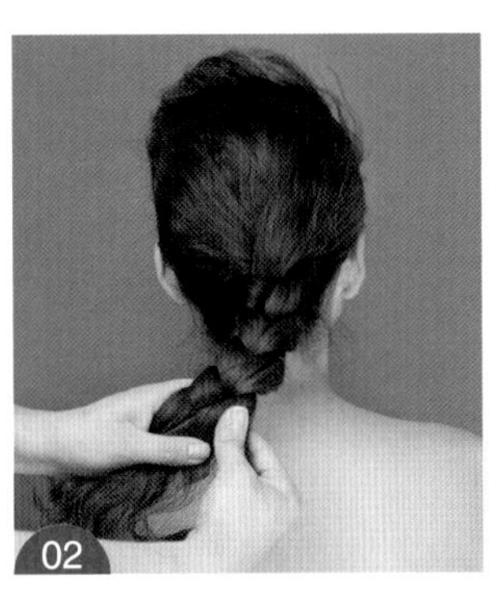
02

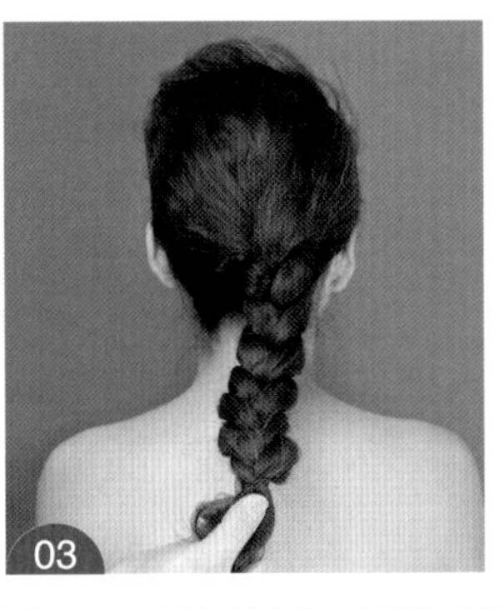
03

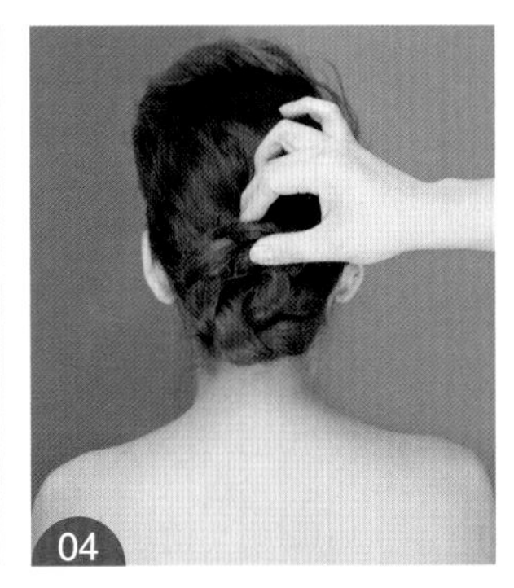
04

05

06

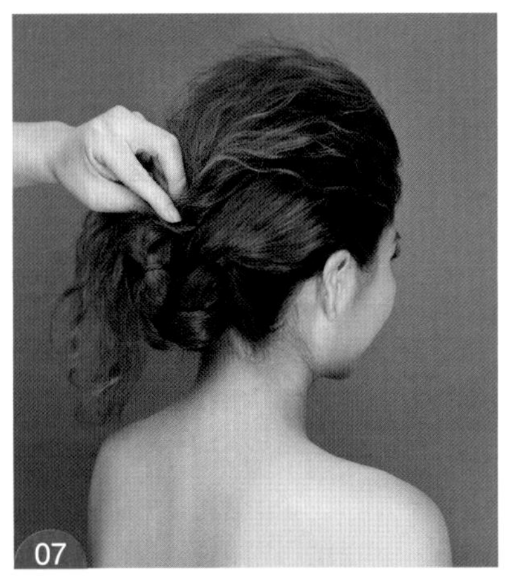
07

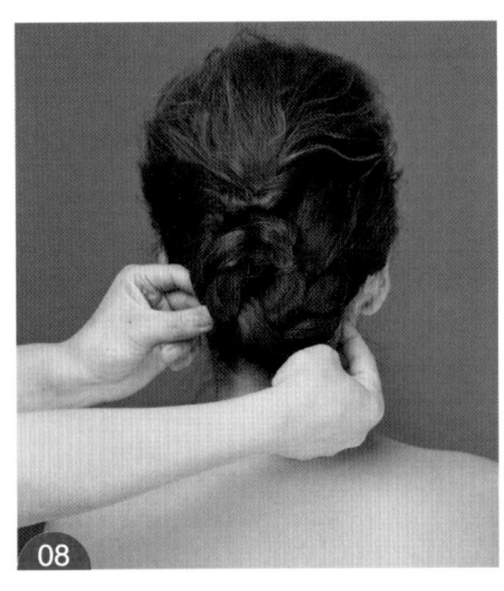
08

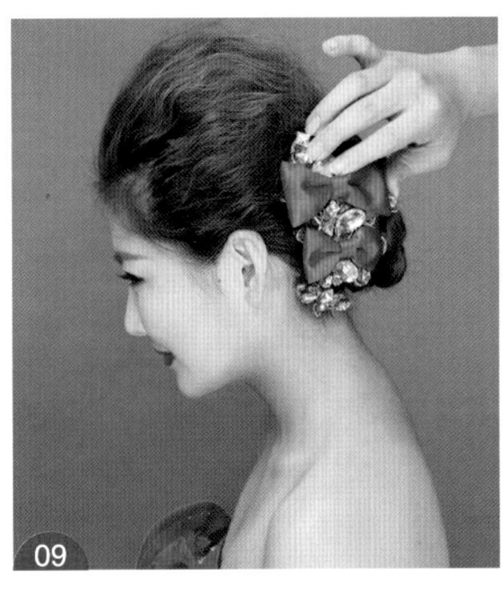
09

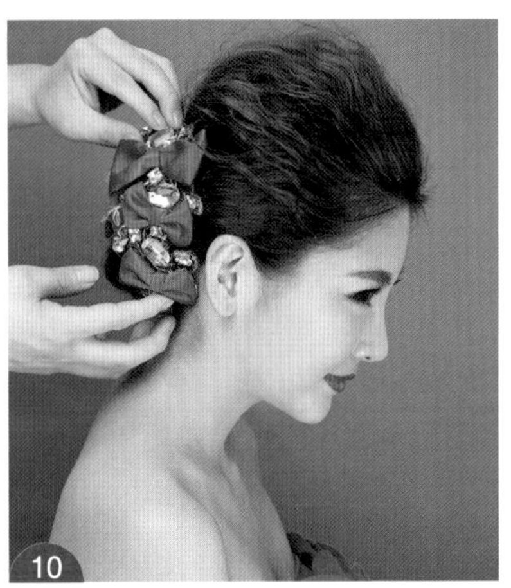
10

操作步骤

STEP 01 保留刘海区的头发，将剩余的头发在后发区位置三股交叉。

STEP 02 将头发在后发区位置进行三股辫编发。

STEP 03 将编好的头发固定。

STEP 04 将固定好的头发向上盘卷并固定。

STEP 05 将刘海区的头发倒梳，使其更加蓬松饱满。

STEP 06 用尖尾梳调整倒梳好的头发的层次。

STEP 07 将刘海区的头发在后发区位置固定。

STEP 08 将刘海区的剩余发尾收至后发区底端并固定。

STEP 09 在后发区一侧佩戴饰品，装饰造型。

STEP 10 在后发区另外一侧佩戴饰品，装饰造型。

★★★★

① 三股辫编发

② 倒梳

造型重点

此款造型的重点是刘海区位置头发的倒梳，倒梳之后，头发表面的纹理要蓬松自然，乱而有序。

操作步骤

STEP 01 将后发区的头发向下进行松散的四股辫编发。

STEP 02 继续向下编发。

STEP 03 将编好的头发收拢并固定。

STEP 04 将一侧发区的头发扭转后在后发区位置固定。

STEP 05 将头发继续向下连续扭转并固定。

STEP 06 将另外一侧发区的头发在后发区位置扭转并固定。

STEP 07 将刘海区的头发在后发区位置扭转并固定。

STEP 08 将之前侧发区剩余的发尾继续在后发区位置进行连续的扭转并固定。

STEP 09 将发尾扣卷在后发区位置并隐藏好。

STEP 10 在后发区位置用丝带系出蝴蝶结效果。

STEP 11 在蝴蝶结基础上佩戴饰品，进行装饰。

STEP 12 继续佩戴饰品，装饰造型。造型完成。

所用手法

四股辫编发

造型重点

造型本身结构不丰富，蝴蝶结的使用不但点缀了造型，同时还丰富了造型结构。

Hairstyle and Makeup

靓丽风格晚礼妆容造型

操作步骤

STEP 01 在上眼睑及下眼睑眼头位置用白色珠光眼影进行适当的提亮。

STEP 02 在上眼睑用铅质眼线笔描画眼线，眼尾要自然上扬。

STEP 03 用睫毛夹将真睫毛夹翘并涂刷睫毛膏。

STEP 04 在上眼睑紧贴睫毛根部粘贴自然感假睫毛。

STEP 05 在下眼睑用铅质眼线笔描画眼线，眼线要呈后宽前窄的状态。

STEP 06 用玫红色眼影晕染下眼睑的眼线，使其更加自然。

STEP 07 在上眼睑位置分段粘贴假睫毛，使睫毛呈现更加自然卷翘的效果。

STEP 08 在下眼睑后半段粘贴一段假睫毛。

STEP 09 在上眼睑后半段晕染橘色亚光眼影，呈自然向上的方向晕染。

STEP 10 在下眼睑位置晕染橘色亚光眼影，边缘过渡要柔和。

STEP 11 在后眼角位置用白色眼线笔描画，使上下眼睑的眼影自然分开。

STEP 12 在下眼睑前半段用白色眼线笔描画，使眼妆更加立体。

STEP 13 用咖啡色眉粉涂刷眉形。

STEP 14 用咖啡色眉笔描画眉毛，补充眉毛缺失的部分。

STEP 15 在面颊处淡淡晕染玫红色腮红，使肤色红润。再局部晕染橘色腮红，使腮红呈现更加立体的状态。

STEP 16 用唇刷将玫红色唇釉涂抹开，塑造轮廓饱满的唇形。

配色方案

此款妆容采用明快的色彩搭配，眼妆的橘色和唇妆的玫红色都是比较艳丽的色彩。为了使眼妆呈现的色彩饱和度更高，用白色珠光眼影及白色眼线笔来调和眼妆。腮红的色彩起到承上启下的作用，协调了眼妆与唇妆之间的关系。

妆容重点

此款妆容中有很多技巧的运用。在眼妆的处理上，用玫红色亚光眼影晕染下眼睑，既柔和了下眼线又不破坏眼妆的整体色彩。白色眼线笔对外眼角位置的描画起到了“开眼角”的作用，可以使眼睛看上去更大。

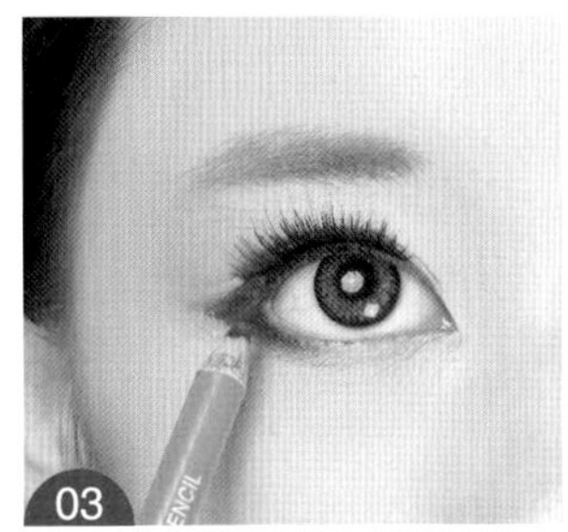

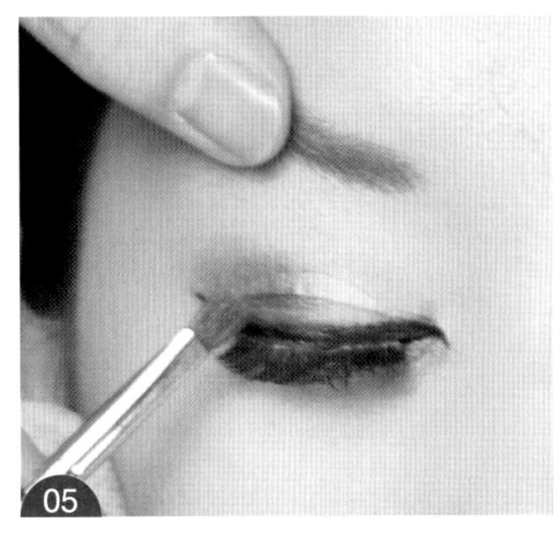

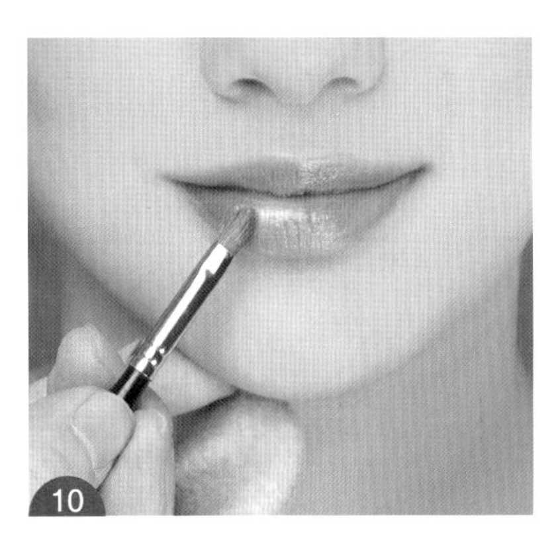

操作步骤

STEP 01 在上眼睑粘贴自然感假睫毛。

STEP 02 用铅质眼线笔描画上眼线。

STEP 03 在下眼睑后 1/3 位置描画眼线，与上眼线相互衔接。

STEP 04 继续用水性眼线笔描画上眼线，眼尾要自然上扬。

STEP 05 在上眼睑后半段晕染墨绿色眼影。

STEP 06 继续晕染墨绿色眼影，使上眼睑的眼影过渡更加自然柔和。

STEP 07 用咖啡色眉粉涂刷眉形，眉峰要处理得自然微挑。

STEP 08 用咖啡色眉笔描画眉形，使眉形更加流畅。

STEP 09 斜向晕染粉嫩感腮红，提升妆容的立体感。

STEP 10 涂抹粉嫩感唇彩，使唇妆更具有质感。

配色方案

眼妆用墨绿色眼影淡淡晕染，搭配粉嫩感唇彩，使整体妆容呈现清新自然的美感。

妆容重点

在晕染一些颜色深暗的眼影的时候，少量淡淡地晕染也可以达到很柔和的色彩效果。

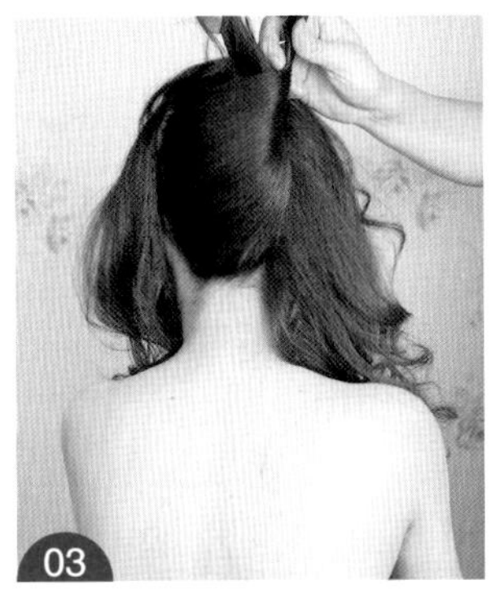

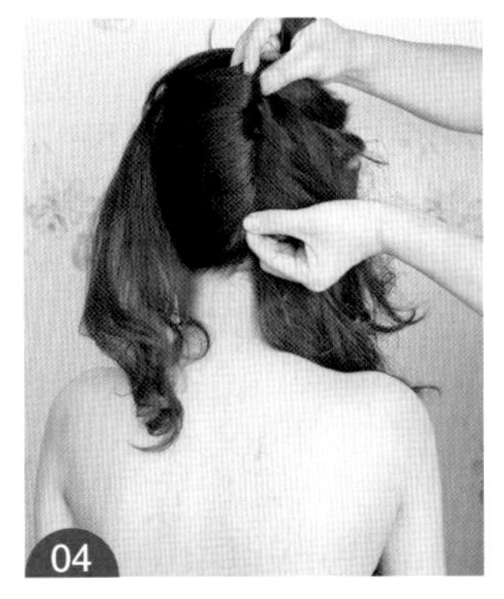

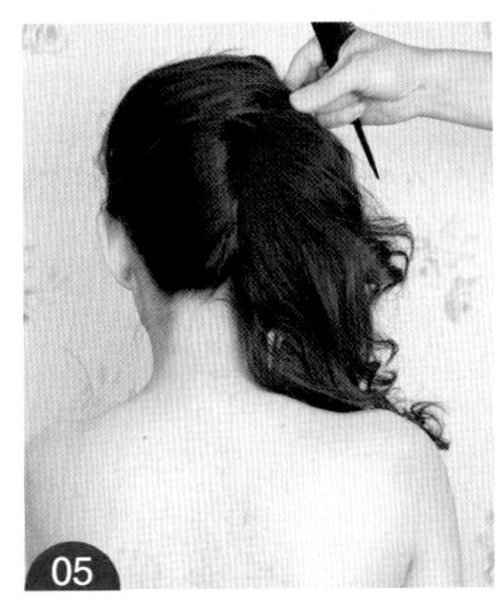

操作步骤

STEP 01 将后发区一部分头发纵向分片倒梳。

STEP 02 将倒梳好的头发的表面梳理得光滑干净。

STEP 03 以尖尾梳为轴将头发扭转。

STEP 04 将扭转好的头发用发卡固定牢固。

STEP 05 将一侧发区的头发在另外一侧发区固定。

STEP 06 将另外一侧发区的头发连同顶发区的头发向后打卷。

STEP 07 将打卷好的头发在后发区位置固定。

STEP 08 用尖尾梳将头发倒梳，并调整其层次。

STEP 09 将调整好的层次用隐藏式发卡固定。

STEP 10 在造型结构衔接处佩戴鲜花，点缀造型。

STEP 11 在造型另外一侧佩戴鲜花，点缀造型。

难度系数

★★★

所用手法

① 倒梳

② 对包造型

造型重点

对包手法可以很好地收拢头发，此款造型中，后发区使用了对包的手法来收拢一侧的头发。

操作步骤

STEP 01 从后发区底端一侧取头发，用尖尾梳倒梳。
STEP 02 将倒梳好的头发的表面梳理得光滑干净。
STEP 03 将头发扭转并固定。
STEP 04 将后发区底端另外一侧的头发倒梳。
STEP 05 将倒梳好的头发表面梳理得光滑干净。
STEP 06 将头发扭转并固定。
STEP 07 用中号电卷棒将刘海区及顶发区的头发烫卷。
STEP 08 将刘海区的头发固定并调整其层次感。
STEP 09 将顶发区的头发扭转并固定。
STEP 10 将后发区底端包发剩余的发尾向造型一侧打卷并在头顶位置固定。
STEP 11 将剩余的头发进行较为松散的三股辫编发，适当保留发尾的卷度。
STEP 12 将头发在头顶位置固定。
STEP 13 佩戴鲜花，对造型进行装饰。造型完成。

难度系数

★★★★☆

所用手法

① 叠包造型
② 电卷棒烫发

造型重点

此款造型将叠包换了一种表现形式，在后发区偏下方的位置用叠包手法使头发得到更好的收拢和固定。

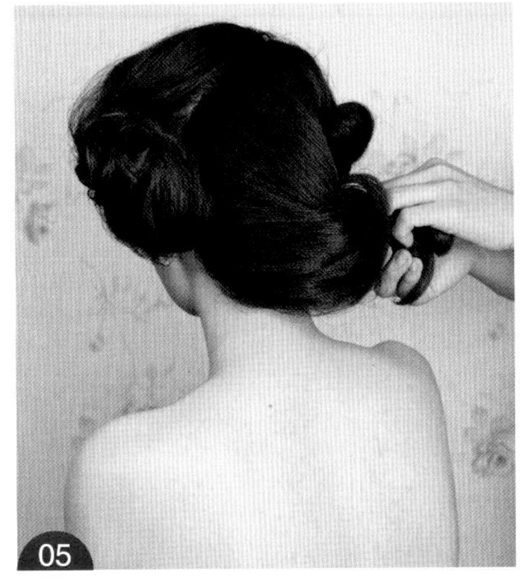

操作步骤

STEP 01 用尖尾梳辅助将刘海区的头发调整出一定的弧度。

STEP 02 将刘海区的发尾打卷。

STEP 03 将打卷好的头发固定并对其弧度感做出调整。

STEP 04 将另外一侧发区的头发扭转并固定。

STEP 05 将后发区的头发向造型一侧扭转。

STEP 06 将扭转好的头发在后发区一侧固定。

STEP 07 在后发区造型轮廓上方佩戴鲜花，进行点缀。

STEP 08 在刘海区与侧发区的交界处佩戴鲜花，进行装饰。

STEP 09 用网眼纱进行抓纱造型。

STEP 10 在网眼纱之上佩戴鲜花，装饰造型。造型完成。

① 手打卷造型

② 抓纱造型

造型重点

此款造型的结构彼此之间缺少衔接，网眼纱和鲜花刚好起到衔接造型结构的作用。

操作步骤

STEP 01 在前发际线位置佩戴鲜花，适当对额头进行修饰。

STEP 02 从头顶位置向前提拉发丝。

STEP 03 发丝的固定要呈现层次感，并适当对鲜花进行修饰。

STEP 04 在一侧发区取头发，向上提拉并扭转。

STEP 05 将扭转好的头发固定。

STEP 06 将后发区位置的部分头发扭转。

STEP 07 将扭转好的头发在头顶位置固定。

STEP 08 继续从后发区取头发，向上提拉，扭转并固定。

STEP 09 用手将固定好的头发的层次做出调整。

STEP 10 将后发区位置剩余的头发向上提拉并扭转。

STEP 11 将扭转好的头发固定。

STEP 12 对头顶位置的发丝的层次做出调整。

STEP 13 将散落的发丝用小号电卷棒向后烫卷。

STEP 14 烫卷的时候注意调整角度，使其更自然地垂落。

难度系数

★★★★

所用手法

① 电卷棒烫发

② 扭转固定

造型重点

用小号电卷棒以向后卷的形式烫保留出来的发丝，之后将其打理自然，这样会使造型显得更加生动。

操作步骤

STEP 01 保留刘海区的头发，将剩余的头发在后发区位置扎发髻。

STEP 02 在刘海区取发片，用电卷棒向后翻卷烫发。

STEP 03 继续取发片，向后翻卷烫发。

STEP 04 将最后一片发片向后翻卷烫发。

STEP 05 用电卷棒将烫好的头发根据造型需要进行局部重点烫发。

STEP 06 提拉刘海区的头发，用尖尾梳将其倒梳。

STEP 07 倒梳后的头发表面要呈现自然的层次感。

STEP 08 用尖尾梳将发尾进行自然倒梳。

STEP 09 用手遮挡面部，用干胶对头发喷胶定型。

STEP 10 在刘海区下方进行抓纱造型。

STEP 11 佩戴造型花，对造型进行装饰。造型完成。

难度系数

★★★☆

所用手法

① 电卷棒烫发

② 倒梳

造型重点

用尖尾梳倒梳，使刘海区的头发更具有层次感。在倒梳的时候，要顺应电卷棒烫发的弧度感。

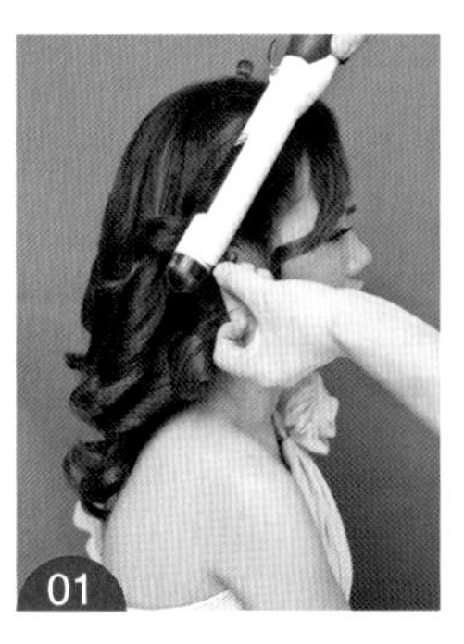

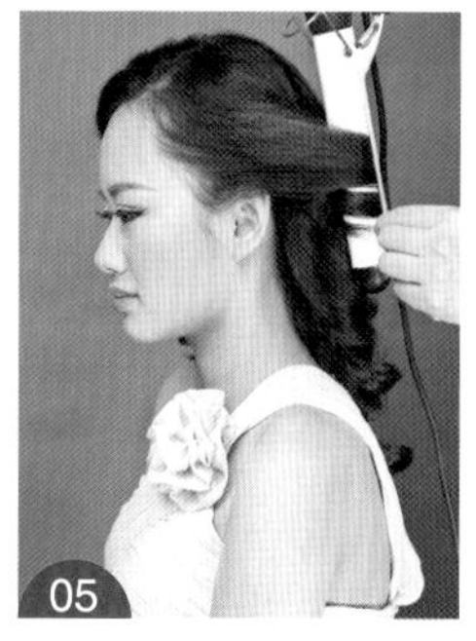

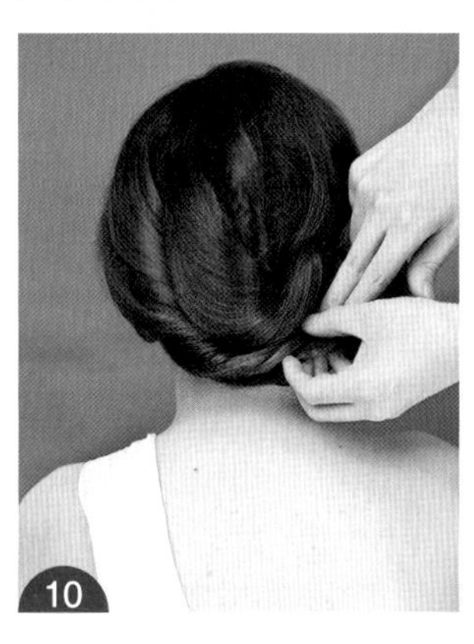

操作步骤

STEP 01 用电卷棒将一侧的头发以后翻卷的形式向后烫卷。

STEP 02 在另外一侧取头发，向后烫卷。

STEP 03 继续取发片，向后烫卷，注意电卷棒的摆放角度。

STEP 04 在将侧发区的头发烫卷的时候注意调整方位，使其与后发区烫卷弧度协调。

STEP 05 将侧发区最后一片头发烫卷的时候将电卷棒向后拉。

STEP 06 将造型一侧的头发向后发区方向扭转并固定。

STEP 07 固定好之后对其弧度感做调整。

STEP 08 从后发区另外一侧取头发，提拉，扭转并固定。

STEP 09 固定好之后调整头发，使其结合得更加自然。

STEP 10 将侧发区的头发自然扭转，在后发区底端固定。

STEP 11 为造型喷胶定型。

STEP 12 在头顶位置佩戴网眼纱，装饰造型。

STEP 13 佩戴造型花，装饰造型。造型完成。

难度系数

★★★

所用手法

① 电卷棒烫发

② 抓纱造型

造型重点

此款造型先借助电卷棒烫发，然后进行盘发，所以在烫发的时候可根据发片固定的位置调整烫发角度。

操作步骤

STEP 01 将刘海区的头发用三股一边带的手法编发。

STEP 02 将编好的头发的发尾打卷并固定。

STEP 03 将侧发区的头发与部分后发区的头发相互结合，用三股一边带的手法编发。

STEP 04 将编好的头发向上打卷并固定。

STEP 05 将顶发区的头发编发，打卷并固定。

STEP 06 继续在后发区取头发，向造型一侧编发。

STEP 07 将编好的头发的发尾打卷，在侧发区位置固定。

STEP 08 将另外一侧发区的头发用三股一边带的手法编发。

STEP 09 调整编发角度并带入后发区剩余的头发。

STEP 10 将编好的头发在后发区位置打卷并固定。

STEP 11 在造型两侧保留部分散落的发丝。

STEP 12 在一侧额角位置佩戴造型花，对造型进行装饰。

STEP 13 在头顶位置佩戴造型花，装饰造型。

STEP 14 在头顶位置抓纱，修饰造型。造型完成。

★★★☆

所用手法

① 三股一边带编发

② 手打卷造型

造型重点

注意抓纱及造型花的佩戴要由主体呈散射状分出，头顶位置的抓纱及大面积的造型花装饰是主体，分散的造型花点缀使整个造型更加协调。

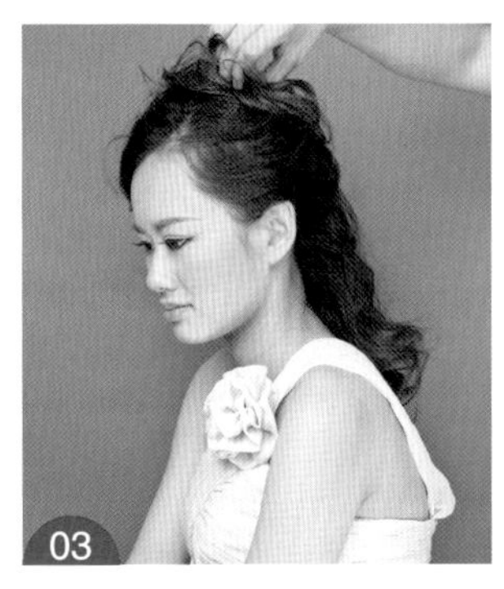

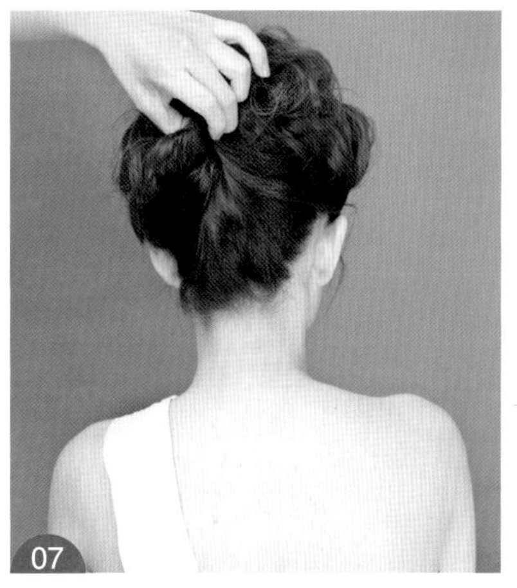

操作步骤

STEP 01　将刘海区的头发有层次地向上扭转并固定。

STEP 02　将一侧发区的头发向上扭转并固定。

STEP 03　将固定好的头发的发尾调整出层次，继续固定。

STEP 04　从后发区一侧将头发向上提拉，扭转并固定。

STEP 05　继续从后发区将头发向上提拉，扭转并固定。

STEP 06　将后发区剩余的头发向上提拉，扭转并固定。

STEP 07　调整固定好的头发的牢固度和层次。

STEP 08　在头顶位置佩戴网眼纱，使其对面部进行适当的遮挡。

STEP 09　在头顶位置佩戴造型花，装饰造型。

STEP 10　继续佩戴造型花，装饰造型。造型完成。

① 扭转固定

② 抓纱造型

在固定网眼纱的时候，注意要使网眼纱与面颊之间保留一定的空间，一般以不碰到睫毛为宜。

操作步骤

STEP 01 将一侧发区的头发向后发区方向扭转。

STEP 02 将刘海区的头发以尖尾梳为轴向下扣卷。

STEP 03 将扣卷好的头发固定，发卡要隐藏好。

STEP 04 将另外一侧发区的头发向后扭转。

STEP 05 将后发区一侧的头发进行三股辫编发。

STEP 06 将编好的头发的发尾收拢并向上打卷。

STEP 07 将打卷好的头发固定。

STEP 08 将后发区剩余的头发进行三股辫编发。

STEP 09 将编好的头发向上打卷并固定。

STEP 10 佩戴饰品，对造型进行点缀。

STEP 11 佩戴鲜花，对造型进行点缀。造型完成。

所用手法

① 下扣卷造型

② 三股辫编发

造型重点

佩戴饰品的时候要结合造型的侧面轮廓，佩戴饰品的目的是使其更加饱满。

操作步骤

STEP 01 将刘海区的头发打卷。
STEP 02 将打好的卷固定，并对其弧度做出调整。
STEP 03 将一侧发区的部分头发向前打卷。
STEP 04 将打好的卷固定。
STEP 05 继续从后向前取一片头发，打卷并固定。
STEP 06 将另外一侧发区的头发向后扭转并固定。
STEP 07 从后发区将头发向两侧分开。
STEP 08 用电卷棒将头发向前烫卷。
STEP 09 喷干胶，对烫卷的头发定型。
STEP 10 调整头发的层次感。
STEP 11 佩戴饰品，对造型进行装饰。
STEP 12 在后发区两侧佩戴鲜花，装饰造型。造型完成。

难度系数

所用手法

① 手打卷造型
② 电卷棒烫发

造型重点

喷干胶后，在胶变干之前用手调整发丝会让造型更有层次感。

操作步骤

STEP 01 用两股辫的形式将刘海区的头发编发。

STEP 02 边编发边对其松紧度做出调整，使其呈现饱满的轮廓。

STEP 03 将编好的头发在耳后位置固定。

STEP 04 将顶发区及部分后发区的头发用两股辫的形式编发。

STEP 05 边编发边带入后发区的头发。

STEP 06 将编发调整至后发区一侧的位置。

STEP 07 将发尾收拢打卷并在后发区位置固定。

STEP 08 将另外一侧发区的头发扭转并固定。

STEP 09 将固定好的头发与后发区的头发相互结合，进行两股辫编发。

STEP 10 边编发边将头发调整至后发区一侧。

STEP 11 将编好的头发的发尾收拢，打卷并固定。

STEP 12 佩戴鲜花，对造型进行点缀。造型完成。

难度系数

★★★

所用手法

两股辫编发

造型重点

此款造型用两股辫编发的手法完成，注意所有编发的角度都要偏向于造型一侧。

操作步骤

STEP 01 将刘海区的头发用三股辫连编的形式编发。

STEP 02 边编发边调整其角度，并带入部分侧发区的头发。

STEP 03 将编好的头发在侧发区位置固定。

STEP 04 将顶发区的头发向侧发区位置扣卷。

STEP 05 将扣卷好的头发在侧发区位置固定。

STEP 06 将另外一侧发区的头发在后发区位置扭转并固定。

STEP 07 将剩余的所有头发在后发区位置收拢并打卷。

STEP 08 将打卷的头发固定并对其轮廓进行调整。

STEP 09 在后发区一侧佩戴鲜花，对造型进行点缀。

STEP 10 在造型结构之间佩戴鲜花，点缀造型。

STEP 11 在刘海区与侧发区造型结构的衔接处佩戴鲜花，点缀造型。

STEP 12 佩戴红色插珠，装饰造型。造型完成。

★★★★

所用手法

① 手打卷造型

② 三股辫连编

造型重点

鲜花的色彩与妆容、服装不是很协调，红色插珠可以很好地协调彼此的关系，使造型的整体感更强。

Hairstyle and Makeup

复古风格晚礼妆容造型

操作步骤

STEP 01 用铅质眼线笔描画一条比较粗的上眼线，眼尾要自然上扬。

STEP 02 用黑色眼影在上眼睑晕染，柔和眼线，眼影边缘过渡要柔和自然。

STEP 03 用黑色眼影在整个下眼睑晕染过渡。

STEP 04 用水性眼线笔加深描画上下眼线。

STEP 05 在上眼睑位置晕染金色眼影，与黑色眼影相互结合，进行过渡。

STEP 06 在下眼睑位置晕染金色眼影，与黑色眼影相互结合，进行过渡。

STEP 07 在上眼睑紧贴真睫毛根部粘贴自然感假睫毛。

STEP 08 用灰色眉笔描画眉毛，眉形要平缓自然。

STEP 09 用红色亚光唇膏塑造轮廓感饱满的唇形。

STEP 10 斜向晕染棕红色腮红，提升妆容的立体感，调和眼妆与唇妆之间的关系。

配色方案

眼妆采用黑色与金色相互结合，形成从黑色到浅金色的自然过渡。红色与金色相互搭配，形成华丽而复古的美感，所以唇妆采用亚光红唇与眼妆搭配。

妆容重点

黑色可以调和多种眼影色彩的深浅变化，是处理眼妆不可或缺的色彩。

操作步骤

STEP 01 描画自然眼线，然后粘贴上睫毛。
STEP 02 用金棕色眼影晕染过渡下眼睑的眼影。
STEP 03 用铅质眼线笔描画上眼睑的眼线。
STEP 04 继续描画眼线，眼线要流畅自然。
STEP 05 描画眼线时注意眼尾要自然上扬。
STEP 06 继续用水性眼线笔加深描画上眼线。
STEP 07 勾画内眼角眼线，注意与上眼线自然衔接。
STEP 08 在上眼睑用白色珠光眼影提亮。
STEP 09 用灰色眉笔描画眉形。
STEP 10 注意眉头位置要描画得自然柔和。
STEP 11 继续描画眉峰及眉尾的位置，眉形要平缓流畅。
STEP 12 斜向晕染棕色腮红，提升妆容的立体感。
STEP 13 在唇部涂抹暗红色唇膏。
STEP 14 塑造轮廓饱满清晰的唇形，唇峰要棱角分明。

配色方案

眼妆采用金棕色进行自然的晕染过渡，细致的眼线及睫毛处理，配合暗红色亚光唇膏，突出妆容重点。

妆容重点

处理唇妆的时候，为了增加唇妆的色彩饱满度，可反复涂抹几层，以增加其立体感。

操作步骤

STEP 01　在一侧发区开始用三股一边带的手法编发。

STEP 02　继续向后编发，带入后发区的头发。

STEP 03　边编发边调整辫子的角度，可编得适当松散些。

STEP 04　将编好的发尾用皮筋固定。

STEP 05　将另外一侧发区的头发用三股一边带的手法编发。

STEP 06　边向后编发边带入后发区位置的头发。

STEP 07　用皮筋将编好的头发固定。

STEP 08　将一条辫子在后发区位置打卷并固定。

STEP 09　将另外一条辫子在后发区位置打卷并固定。

STEP 10　将后发区位置剩余的头发向上翻卷并固定。

STEP 11　将刘海区的头发用尖尾梳向一侧梳理得平滑干净。

STEP 12　用尖尾梳辅助将刘海区的头发向上翻卷。

STEP 13　将翻卷之后剩余的发尾收起并固定。

STEP 14　佩戴饰品，装饰造型。造型完成。

难度系数

所用手法

① 三股一边带编发

② 上翻卷造型

造型重点

因为此款造型用两侧的编发塑造轮廓感，所以在编发的时候注意随时对其角度进行调整，使其更符合造型轮廓感的需要。

操作步骤

STEP 01 将一侧发区的头发向上扭转并固定。

STEP 02 将另外一侧发区的头发向上提拉，向前扭转并固定。

STEP 03 将顶发区的头发向上提拉，扭转并固定。

STEP 04 将后发区的头发向上提拉并扭转，使其呈扭包的效果，将其固定。

STEP 05 将后发区连同顶发区的剩余发尾向后打卷。

STEP 06 将打好的卷在顶发区位置固定。

STEP 07 将一侧发区的发尾在顶发区位置打卷并固定。

STEP 08 将另外一侧发区的发尾在顶发区位置打卷并固定。

STEP 09 将刘海区的头发梳理至一侧，用波纹夹固定。

STEP 10 用尖尾梳辅助向前推出波纹效果，用波纹夹固定。

STEP 11 继续用尖尾梳推出波纹效果并用波纹夹固定。

STEP 12 推出最后一个波纹弧度并用波纹夹固定，将发尾收好后喷胶定型。

STEP 13 取下波纹夹并下暗卡，调整其牢固度。造型完成。

★★★★

所用手法

① 扭包造型

② 手打卷造型

造型重点

在造型的时候，有些弧度的塑造需要临时固定，这时可以利用波纹夹来辅助完成工作。

01

02

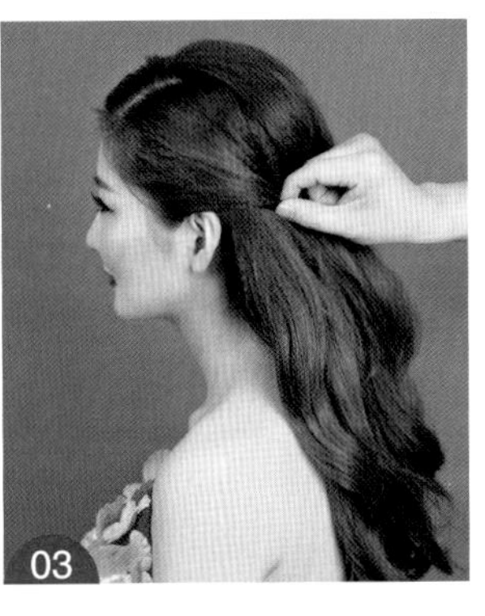
03

04

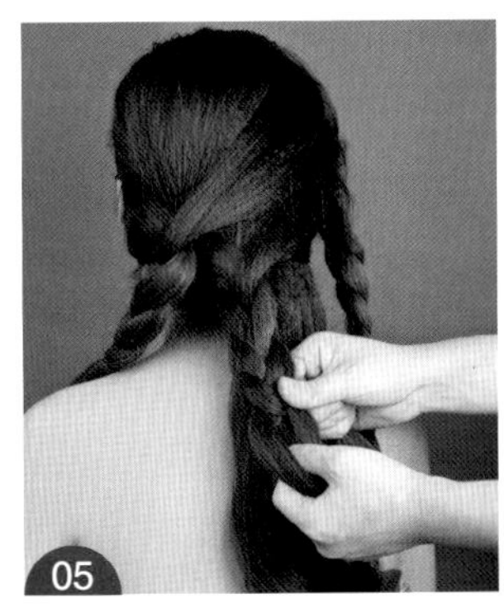
05

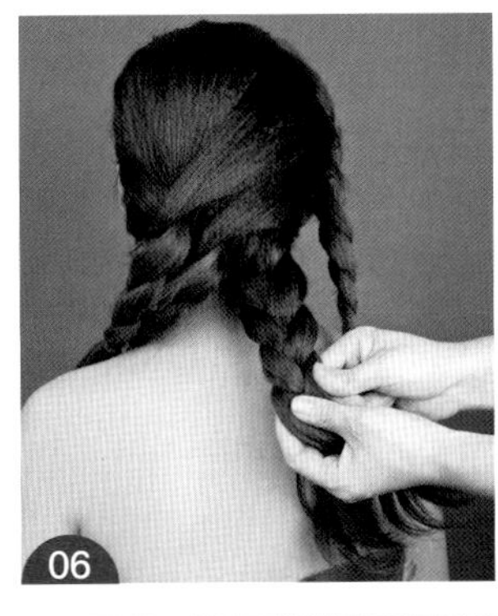
06

07

08

09

10

11

操作步骤

STEP 01　将刘海区的头发用三股辫连编的手法编发。

STEP 02　继续向造型一侧编发，边编发边带入侧发区的头发。

STEP 03　将另外一侧发区的头发向后扭转并固定。

STEP 04　将后发区连接另外一侧发区的头发，进行三股辫编发。

STEP 05　继续用一侧发区连接另外一侧发区的头发，进行三股辫编发。

STEP 06　将后发区位置剩余的头发进行三股辫编发。

STEP 07　将其中一条辫子向上盘绕并固定。

STEP 08　将刘海区的辫子在后发区位置固定。

STEP 09　将后发区最下方的辫子向造型一侧盘绕并固定。

STEP 10　将最后一条辫子向上收拢，盘绕并固定。

STEP 11　佩戴饰品，装饰造型。造型完成。

难度系数

★★★★

所用手法

① 三股辫连编

② 三股辫编发

造型重点

此款造型的重点是几条辫子之间的相互盘绕，在造型的时候，要清楚最后应呈现饱满的轮廓感，在盘绕的时候向一个方向靠拢。

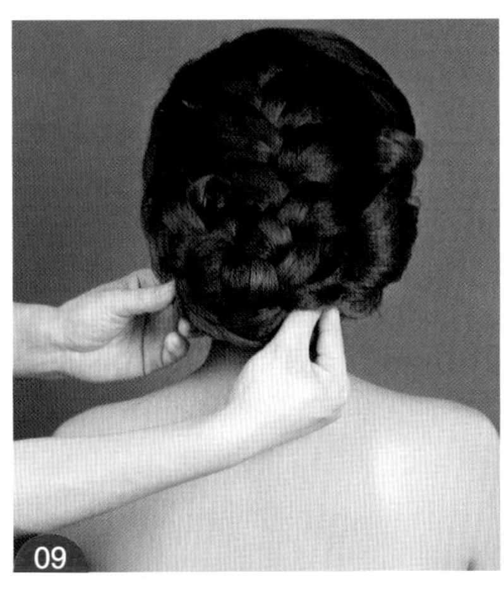

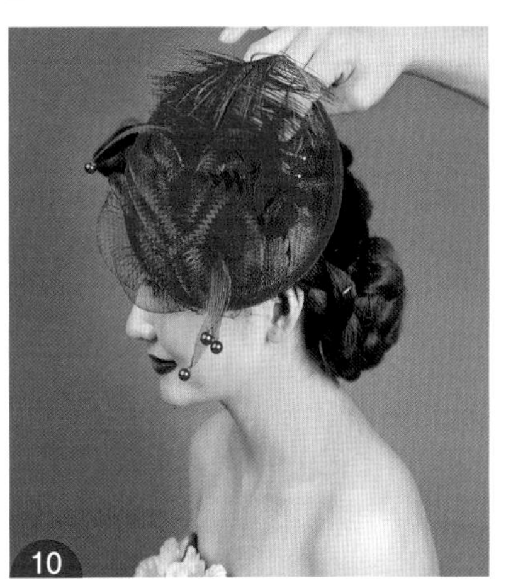

操作步骤

STEP 01 将一侧发区的头发用三股辫的形式编发。

STEP 02 从顶发区开始向后发区方向进行三股辫连编。

STEP 03 用三股辫编发的形式为辫子收尾。

STEP 04 用尖尾梳辅助将刘海区的部分头发向下扣卷。

STEP 05 将刘海区剩余的头发继续向下扣卷并固定。

STEP 06 将扣卷之后剩余的发尾在后发区位置扭转并固定。

STEP 07 将剩余发尾继续向上收拢，打卷并固定。

STEP 08 将后发区位置的头发向造型一侧打卷并固定。

STEP 09 将侧发区位置的辫子在后发区底端收拢并固定。

STEP 10 佩戴饰品，对造型进行修饰。造型完成。

★★★★

① 下扣卷造型

② 三股辫连编

刘海区的下扣卷角度可适当有所不同，这样可以使造型呈现更好的空间感和层次感。

操作步骤

STEP 01 在侧发区取头发，准备编发。

STEP 02 带入另外一侧发区的头发，进行三股两边带编发。

STEP 03 继续向下用三股辫编发的手法收尾。

STEP 04 将发尾向上打卷并固定。

STEP 05 在后发区底端取三片头发，相互交叉。

STEP 06 在后发区位置用三股一边带的手法编发。

STEP 07 将编好的头发向上打卷并固定。

STEP 08 将刘海区的头发用尖尾梳辅助进行上翻卷并固定。

STEP 09 用波纹夹辅助将刘海调整出一定的弧度并喷胶定型。

STEP 10 佩戴造型花，装饰造型。

STEP 11 佩戴网眼纱，装饰造型。

STEP 12 将网眼纱抓出一定的褶皱和层次。造型完成。

难度系数

★★★☆

所用手法

① 三股两边带编发

② 三股一边带编发

造型重点

注意网眼纱抓出的褶皱要自然。网眼纱不但丰富了造型，并且对后发区位置固定的辫子起到了修饰作用。

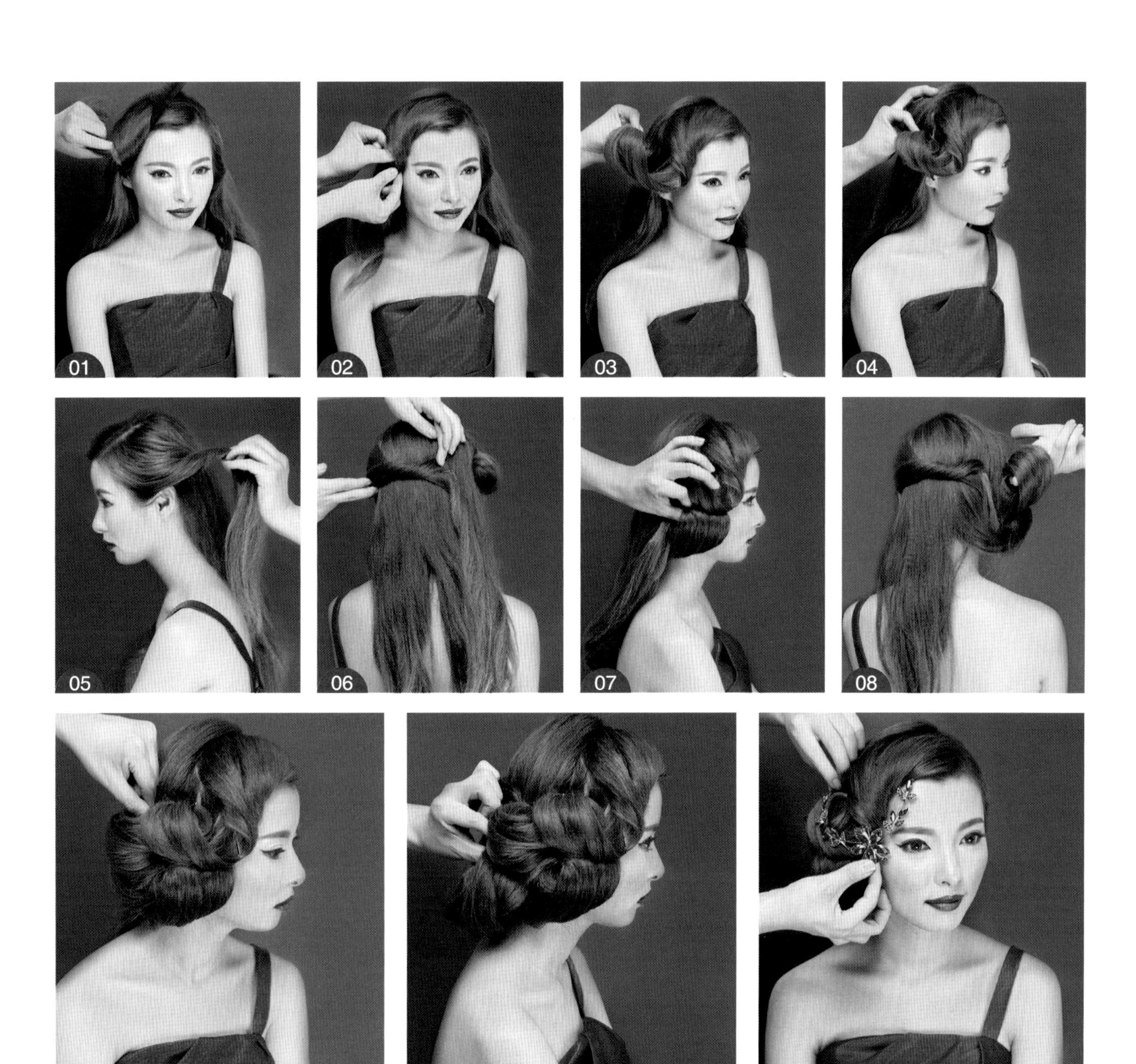

操作步骤

STEP 01　用尖尾梳辅助将刘海区的头发向下扣卷。

STEP 02　用发卡将扣卷好的头发固定。

STEP 03　将固定之后剩余的发尾向上翻卷。

STEP 04　将翻卷好的头发在侧发区位置固定。

STEP 05　将另外一侧头发向后扭转。

STEP 06　将扭转好的头发固定在后发区位置。

STEP 07　将后发区下方的头发在一侧向上翻卷并固定。

STEP 08　在其上方取头发，继续向上打卷。

STEP 09　将打卷好的头发固定，并对造型轮廓的饱满度做调整。

STEP 10　将剩余的头发在后发区下方打卷。

STEP 11　佩戴饰品，装饰造型。造型完成。

难度系数

所用手法

① 下扣卷造型

② 上翻卷造型

造型重点

刘海区的造型结构采用下扣和上翻两个手法来完成，形成连贯流畅的弧度。饰品的佩戴隐藏了造型结构的衔接点，使刘海区的翻卷角度更加自然。

操作步骤

STEP 01 将刘海区的头发倒梳。

STEP 02 将刘海区和一侧发区的头发收拢并固定，用尖尾梳调整其层次感。

STEP 03 注意在固定的时候要对头发做适当扭转，使其更加饱满。

STEP 04 将另外一侧发区的头发向上提拉并扭转。

STEP 05 将扭转好的头发在顶发区位置固定。

STEP 06 将后发区一侧的头发进行松散的三股辫编发。

STEP 07 将编好的头发向上打卷。

STEP 08 将打好的卷固定，并对其饱满度做调整。

STEP 09 将剩余的头发进行三股辫编发。

STEP 10 将编好的头发同样向上打卷并固定。

STEP 11 在顶发区位置佩戴饰品，装饰造型。

STEP 12 在造型一侧佩戴饰品，装饰造型。造型完成。

★★★☆

所用手法

① 倒梳

② 三股辫编发

造型重点

将后发区的头发向上翻卷之前，先进行三股辫编发，对其进行收拢，这样做更便于造型结构的翻卷，也可使弧度更加自然。

操作步骤

STEP 01 将一侧发区的头发向后发区方向扭转。

STEP 02 用尖尾梳将刘海区的头发调整出饱满的层次感。

STEP 03 将刘海区的头发向上翻卷并固定。

STEP 04 将刘海区后方的头发继续向上翻卷并固定。

STEP 05 将顶发区的头发向上翻卷并固定。

STEP 06 将后发区的部分头发向上翻卷并固定。

STEP 07 将后发区剩余的头发向一侧打卷并固定。

STEP 08 佩戴饰品，装饰造型。造型完成。

★★★

① 上翻卷造型

② 手打卷造型

从刘海区至后发区采用连续的上翻卷手法来完成造型轮廓，要注意翻卷之间的结构衔接。

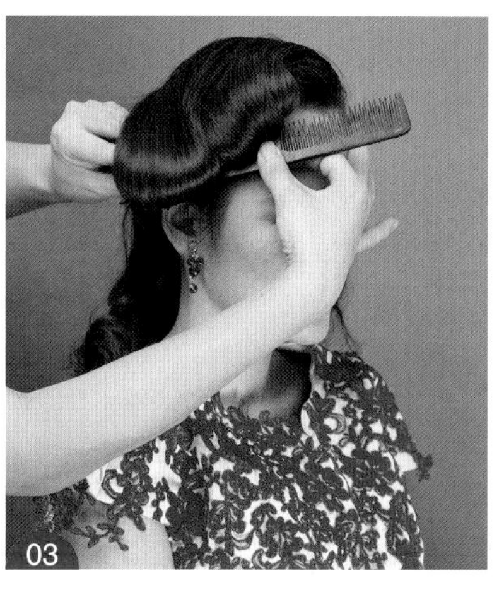

操作步骤

STEP 01　用尖尾梳辅助将刘海区的头发向下扣卷。

STEP 02　调整扣卷好的头发的轮廓，并将其固定。

STEP 03　继续在顶发区取头发，向造型一侧扣卷。

STEP 04　将扣卷之后剩余的发尾打卷并固定。

STEP 05　将剩余的头发在后发区位置扎马尾。

STEP 06　将扎好的马尾打卷并固定。

STEP 07　在头顶一侧佩戴鲜花，装饰造型。

STEP 08　佩戴网眼纱，装饰造型，用网眼纱对面部适当遮挡。

STEP 09　将网眼纱抓出饱满的层次感。造型完成。

难度系数

★★★★

所用手法

① 下扣卷造型

② 抓纱造型

造型重点

用网眼纱适当对额头位置进行遮挡，这样做的目的是削弱新娘过高的额头给人的视觉感。

操作步骤

STEP 01　将一侧发区的头发以三股辫连编的形式编发。

STEP 02　边编发边将头发带至后发区另外一侧。

STEP 03　带入另外一侧发区的头发，继续编发。

STEP 04　将编好的头发收拢并打卷。

STEP 05　将发尾形成的发髻固定。

STEP 06　将后发区底端的头发向上扭转。

STEP 07　将扭转的头发固定并对其层次感做调整。

STEP 08　将刘海区的头发向上提拉并倒梳。

STEP 09　将倒梳好的头发向下扣卷并固定。

STEP 10　调整固定好的头发的弧度感，使其轮廓更加饱满。

STEP 11　在后发区位置佩戴鲜花，装饰造型。

STEP 12　在后发区位置抓纱，修饰造型。造型完成。

难度系数

★★★☆

所用手法

① 三股辫编发

② 下扣卷造型

造型重点

在做刘海区扣卷的时候可先将头发向上提拉一定的角度，然后再向下扣卷，这样做可以使其轮廓更加饱满。

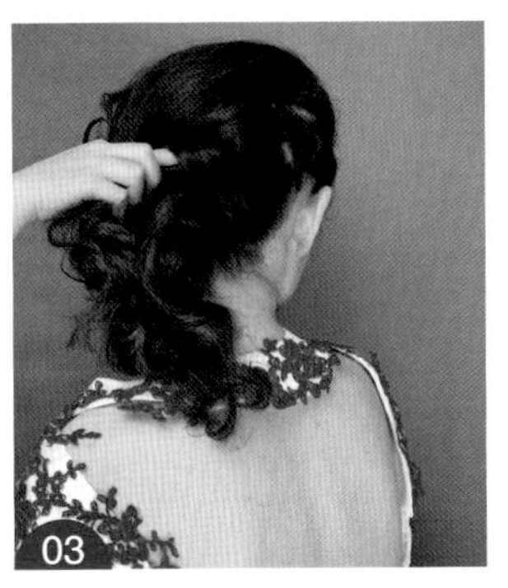

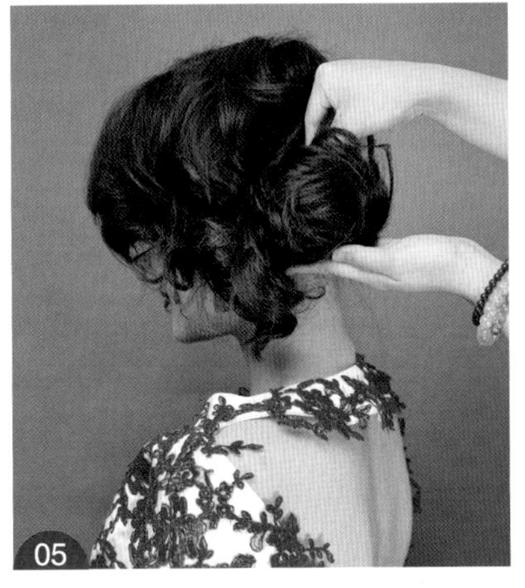

操作步骤

STEP 01 从一侧发区分出一片头发，向后扭转并固定。

STEP 02 继续分出一片头发，向后扭转并固定。

STEP 03 在后发区一侧取头发，将其向上提拉，扭转并固定。

STEP 04 继续从后发区位置取头发，将其向上提拉，扭转并固定。

STEP 05 将固定之后剩余的发尾在后发区位置打卷。

STEP 06 将顶发区和后发区剩余的头发向上翻卷并固定。

STEP 07 将刘海区的头发向上翻卷并固定，并调整刘海区的头发的层次。

STEP 08 在头顶位置佩戴网眼纱。

STEP 09 调整网眼纱的层次并将其固定。

STEP 10 在头顶位置佩戴鲜花，对造型进行修饰。造型完成。

难度系数

★★★★☆

所用手法

① 抓纱造型

② 上翻卷造型

造型重点

发丝的纹理和层次要自然。此款造型的难点是网眼纱的固定，要呈现出飘逸自然的感觉，不能固定得过于死板。

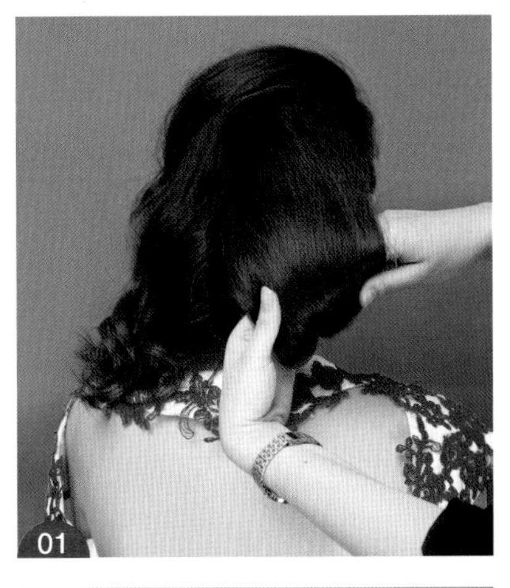

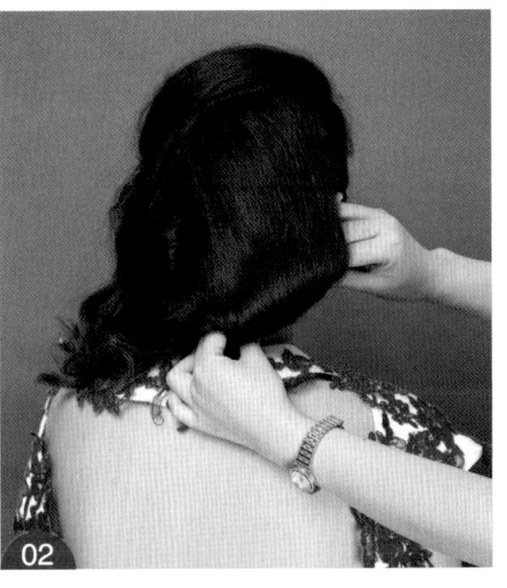

操作步骤

STEP 01 将后发区一侧的头发向下打卷。

STEP 02 将打好的卷固定牢固并对其弧度做调整。

STEP 03 将后发区另外一侧的头发向上固定并对其层次做调整。

STEP 04 将刘海区的头发调整好弧度，在侧发区位置固定。

STEP 05 在后发区一侧固定发带。

STEP 06 佩戴鲜花，对造型进行装饰。

STEP 07 将发带固定到造型另外一侧。

STEP 08 佩戴鲜花，装饰造型。

STEP 09 用发带包裹鲜花，隐藏发带。造型完成。

下扣卷造型

刘海的弧度先隆起，然后回落，如果发根不够挺，可以用尖尾梳将发根位置倒梳。

Hairstyle and Makeup

浪漫风格晚礼妆容造型

操作步骤

STEP 01 将真睫毛涂刷卷翘后，在上眼睑位置用水性眼线笔描画眼线，注意眼尾要自然上扬。

STEP 02 用白色眼影涂抹上眼睑，提亮肤色。

STEP 03 将假睫毛剪掉一段后进行粘贴。

STEP 04 将假睫毛粘贴于上眼睑的后半段。

STEP 05 调整粘贴好的假睫毛的角度。

STEP 06 继续在上眼睑用白色珠光眼影提亮。

STEP 07 在下眼睑晕染紫色亚光眼影。

STEP 08 在眼头位置用白色珠光眼线笔描画。

STEP 09 用咖啡色眉粉涂刷眉毛，眉头要柔和。

STEP 10 继续涂刷眉毛，塑造自然眉形。

STEP 11 在唇部涂抹玫红色唇膏，唇形轮廓要饱满。

STEP 12 斜向晕染浅玫红色腮红，调和肤色。

配色方案

眼妆用白色珠光眼影搭配少量的紫色亚光眼影，使眼妆自然的同时又使色彩显得不单调。玫红色唇膏可以提升妆容的柔美感，同时使肤色更加白皙自然。

妆容重点

局部粘贴假睫毛后要用镊子对其进行调整，使其与真睫毛自然贴合在一起，从而呈现更逼真自然的感觉。

操作步骤

STEP 01 在上眼睑粘贴自然感假睫毛。

STEP 02 在上眼睑用白色珠光眼影提亮。

STEP 03 在下眼睑眼头位置用白色珠光眼影提亮。

STEP 04 在上眼睑用水性眼线笔描画上眼线，眼尾要自然上扬，眼线弧度要流畅自然。

STEP 05 细致地勾画内眼角眼线，与上眼线自然衔接。

STEP 06 在上眼睑前 2/3 位置用玫红色亚光眼影晕染。

STEP 07 在上眼睑后 1/3 位置用紫色亚光眼影晕染。

STEP 08 在下眼睑后半段用紫色亚光眼影晕染。

STEP 09 在下眼睑眼尾位置粘贴一根自然感假睫毛。

STEP 10 保持一定距离后继续粘贴一根假睫毛。

STEP 11 继续向前粘贴假睫毛，假睫毛要粘贴得自然。

STEP 12 用灰色眉笔描画眉毛，注意眉头位置要自然柔和。

STEP 13 继续向后描画眉形，眉形要偏细微挑。

STEP 14 斜向晕染棕橘色腮红，提升妆容的立体感。

STEP 15 用裸色唇膏调整唇色。

STEP 16 在唇部涂抹玫红色唇釉，用唇刷将唇釉涂抹均匀，唇形轮廓要饱满。

配色方案

眼妆采用玫红色与紫色相互结合晕染，两种色彩结合可形成玫红色、玫紫色到紫色之间的自然过渡。唇妆的玫红色与之搭配，可使妆容色彩协调而又不单调。

妆容重点

眼形的提升不但可以通过眼线来完成，眼影的晕染同样可以达到提升眼形的作用。

操作步骤

STEP 01 涂刷上下睫毛后，在上眼睑粘贴自然的假睫毛。
STEP 02 在下眼睑粘贴几根自然假睫毛。
STEP 03 用白色珠光眼影提亮上眼睑。
STEP 04 用白色珠光眼影提亮内眼角位置，使眼妆更加立体。
STEP 05 用紫色亚光眼影晕染上眼睑后半段，面积不要过大。
STEP 06 用紫色亚光眼影晕染下眼睑后半段。
STEP 07 用白色珠光眼影描画下眼睑内眼角位置的眼线。
STEP 08 用水性眼线笔描画上眼线，眼尾要自然上扬。
STEP 09 用灰色眉笔描画眉形，注意眉头要自然柔和。
STEP 10 用灰色眉笔描画眉峰及眉尾位置，眉形要自然流畅。
STEP 11 用深玫红色亮泽唇膏涂抹下唇，轮廓要饱满。
STEP 12 用深玫红色亮泽唇膏涂抹上唇，唇峰要圆润。
STEP 13 在唇部点缀亮泽唇彩，提升唇妆的质感。
STEP 14 斜向晕染红润感腮红，提升面部的立体感。

配色方案

用白色珠光眼影调和紫色亚光眼影，用紫色亚光眼影对眼尾位置进行局部的自然修饰。唇妆的深玫红色既使妆容色调统一，又使色彩有所区分。

妆容重点

在用水性眼线笔描画上眼线的时候，要适当对上眼睑的皮肤进行提拉，使线条更加流畅。

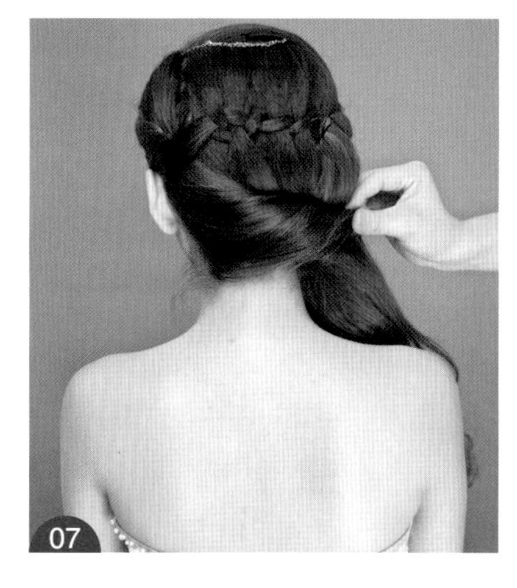

操作步骤

STEP 01 在额头位置佩戴饰品，装饰造型。

STEP 02 将刘海区的头发向下扣卷，对饰品形成适当遮挡后固定。

STEP 03 将剩余发尾向后发区位置扭转并固定。

STEP 04 将另外一侧发区的头发向后发区位置扭转。

STEP 05 用间隔编发的手法在后发区位置编发。

STEP 06 编至另外一侧后固定。

STEP 07 将后发区的头发向一侧翻卷后固定。

STEP 08 从后向前取部分头发，用三股一边带的手法编发。

STEP 09 将剩余的头发用三股一边带的手法编好，将两条辫子衔接在一起。

难度系数

★★★

所用手法

① 下扣卷造型

② 三股一边带编发

造型重点

此款造型是侧垂式的编发造型，编发的时候要注意对角度的调整，使其能更加自然地垂落。

操作步骤

STEP 01 将刘海区的头发微微隆起，在顶发区位置用发卡固定。

STEP 02 在头顶位置佩戴皇冠。

STEP 03 在顶发区取头发，进行三股辫编发。

STEP 04 将编好的头发向上盘绕并固定。

STEP 05 继续取头发，进行三股辫编发。

STEP 06 将编好的头发向上盘绕并固定。

STEP 07 将一侧发区的头发向上提拉，扭转并固定。

STEP 08 将另外一侧发区的头发向上提拉，扭转并固定。

STEP 09 将两侧发区的剩余发尾连同部分后发区的头发进行三股辫编发。

STEP 10 将编好的头发向上提拉，翻卷并固定。

STEP 11 将后发区剩余的头发编发，向上翻卷并固定。

STEP 12 将固定之后剩余的发尾继续打卷并固定。

STEP 13 在头顶位置佩戴造型花，装饰造型。

STEP 14 在头顶位置佩戴网眼纱，修饰造型。造型完成。

难度系数

所用手法

① 三股辫编发

② 上翻卷造型

造型重点

皇冠的佩戴起到支撑的作用，同时塑造如“花冠”一样的效果。抓纱的时候要适当对额头位置进行遮挡，抓纱的褶皱不要过于死板。

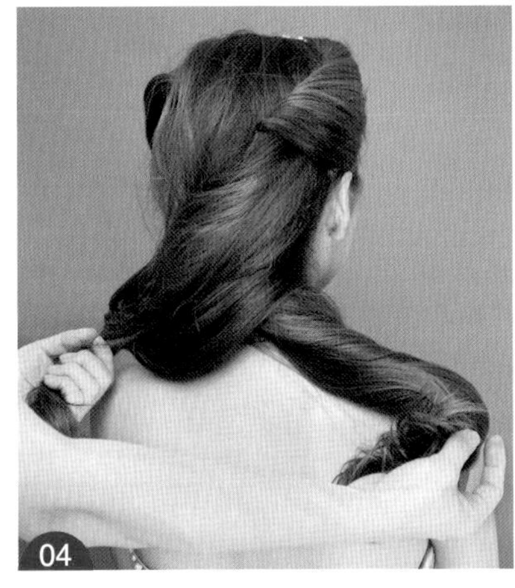

操作步骤

STEP 01 在刘海区与侧发区的衔接处佩戴造型花。

STEP 02 将刘海区连同一侧发区的头发向后发区方向扭转并固定。

STEP 03 将另外一侧发区的头发向后发区方向扭转并固定。

STEP 04 将后发区的头发分为左右两份，相互交叉。

STEP 05 将其中一侧的头发向上打卷并固定。

STEP 06 将另外一侧的头发用同样的方式操作。

STEP 07 在头顶位置佩戴帽坯。

STEP 08 在帽坯的基础之上抓纱，使其形成一个纱帽的效果。

★★★☆

所用手法

手打卷造型

此款造型的后发区位置采用左右发片相互交叉后向上打卷的方式操作，这种方式可使向两侧打卷的弧度更加自然，并且修饰了后发区造型的缺陷。

操作步骤

STEP 01　在刘海区位置取头发，准备进行四股辫编发。

STEP 02　边编发边带入后发区位置的头发。

STEP 03　辫子应呈上松下紧的状态。

STEP 04　用鱼骨辫编发的形式收尾。

STEP 05　将一侧发区的头发用两股辫连编的手法编发。

STEP 06　边编发边带入后发区的头发。

STEP 07　将编好的头发在后发区位置盘绕并固定。

STEP 08　在后发区另外一侧取头发，进行两股辫编发。

STEP 09　在编发的时候注意调整角度，使其满足轮廓感的需要。

STEP 10　将编好的头发在后发区位置固定。

STEP 11　将侧发区剩余的头发扭转，在后发区位置固定。

STEP 12　将后发区剩余的发尾向上翻卷并固定。

STEP 13　在造型一侧佩戴饰品，装饰造型。

STEP 14　在饰品的基础上进行抓纱。造型完成。

★★★☆

所用手法

① 两股辫编发

② 鱼骨辫编发

造型重点

编发的时候要适当松散些，使造型呈现自然的纹理感。刘海区的头发比较饱满，不要将其处理得过于光滑。

操作步骤

STEP 01 从一侧发区取一片头发，与另外一侧发区的头发三股交叉。

STEP 02 继续带入头发，形成四股交叉的效果。

STEP 03 用三股一边带的手法向下编发。

STEP 04 在编发的时候注意调整其角度，使其呈自然垂落的效果。

STEP 05 将发尾用皮筋固定。

STEP 06 继续取头发，进行三股一边带编发。

STEP 07 边编发边带入后发区的头发。

STEP 08 在编发的时候注意调整其松紧度，使其自然垂落。

STEP 09 将发尾用皮筋固定。

STEP 10 在后发区底端将发尾收拢在一起并固定。

STEP 11 用电卷棒将刘海区的头发烫卷。

STEP 12 对刘海区的头发的层次做出调整。

STEP 13 调整好弧度后将其向下扣转并固定。

STEP 14 将剩余发尾固定。

STEP 15 在后发区位置佩戴饰品，装饰造型。造型完成。

★★★☆

所用手法

① 三股一边带编发

② 电卷棒烫发

造型重点

对刘海区的头发进行局部烫发有利于使其更具有层次感和纹理感。

操作步骤

STEP 01 将一侧发区的头发向另外一侧发区扭转并固定。

STEP 02 固定好之后结合刘海区的头发向上扭转。

STEP 03 将扭转好的头发固定并调整其层次。

STEP 04 在后发区位置取头发，准备编发。

STEP 05 用三股辫连编的手法编发。

STEP 06 边编发边带入后发区另外一侧的头发。

STEP 07 用三股辫编发的手法收尾。

STEP 08 将编好的头发向上盘绕，打卷并固定。

STEP 09 将后发区底端剩余的头发用三股辫连编的手法编发。

STEP 10 将编好的头发自然地向上提拉。

STEP 11 将发尾固定在之前编发的起点位置。

STEP 12 佩戴饰品，对造型进行装饰。造型完成。

★★★

所用手法

① 三股辫连编

② 三股辫编发

造型重点

后发区位置的发辫起到修饰造型侧面轮廓的作用，所以在盘绕和固定的时候要注意观察轮廓的饱满度。

操作步骤

STEP 01 在一侧发区取头发，准备编发。

STEP 02 结合另外一侧发区的头发，用三连编的形式编发。

STEP 03 向下转换成三股一边带的形式编发。

STEP 04 边编发边对其角度做出调整，使其更加自然。

STEP 05 继续向下编发，带入剩余的头发。

STEP 06 将编好的发尾打卷并固定。

STEP 07 在刘海区取部分头发，进行三股一边带编发。

STEP 08 将剩余的头发继续进行三股一边带编发。

STEP 09 在编发的时候适当向后调整其角度。

STEP 10 将编好的头发打卷并固定。

STEP 11 将剩余的发辫的发尾打卷并固定。

STEP 12 佩戴鲜花，对造型进行装饰。

STEP 13 用红色网眼纱进行抓纱，修饰造型。

★★★☆

所用手法

① 三连编编发

② 三股一边带编发

造型重点

在固定鲜花的时候要形成错落感，不要将所有的鲜花固定在一个直线上，那样会使造型显得很生硬。

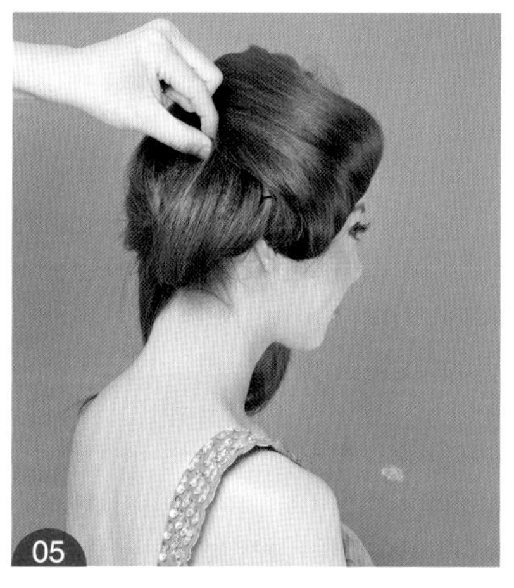

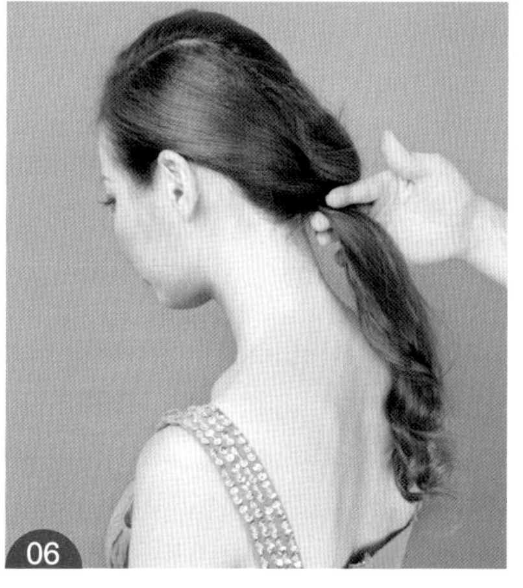

操作步骤

STEP 01 用波纹夹将刘海区的头发向一侧固定。

STEP 02 固定之后将头发向前扣卷。

STEP 03 将扣卷好的头发固定并对其弧度做调整。

STEP 04 将后发区的部分头发向前打卷。

STEP 05 将打卷好的头发固定并对其弧度做调整。

STEP 06 将另外一侧发区及后发区剩余的头发在后发区底端扭转。

STEP 07 将扭转好的头发在后发区底端固定。

STEP 08 将固定之后的剩余发尾在后发区一侧盘绕并固定。

STEP 09 在刘海区的卷筒上端佩戴鲜花，点缀造型。

STEP 10 在刘海区的卷筒下端佩戴鲜花，装饰造型。

难度系数

★★★★

所用手法

① 下扣卷造型

② 手打卷造型

造型重点

在进行下扣卷的时候，可以用波纹夹辅助完成下扣卷的弧度，固定波纹夹的位置刚好是佩戴鲜花的位置。

操作步骤

STEP 01　将后发区的头发向上提拉并扭转。

STEP 02　将头发扭转出扭包的效果。

STEP 03　将头发固定牢固。

STEP 04　将固定之后剩余的发尾调整出层次，在头顶位置固定。

STEP 05　将顶发区的头发向上提拉并倒梳。

STEP 06　将倒梳好的头发的表面梳理得光滑干净。

STEP 07　将头发在后发区位置向下扣卷并固定。

STEP 08　将刘海区连同一侧发区的头发在后发区底端扭转并固定。

STEP 09　将固定之后剩余的发尾在后发区底端隐藏好。

STEP 10　将另外一侧发区的头发在后发区底端扭转。

STEP 11　将剩余发尾隐藏在后发区底端。

STEP 12　在头顶一侧进行抓纱造型。

STEP 13　在网眼纱的基础上佩戴造型花，装饰造型。造型完成。

★★★

所用手法

① 扭包造型

② 倒梳

造型重点

此款造型利用隐藏头发的形式将长发缩短，塑造类似短发的造型效果。在处理此款造型的时候要注意对发尾的隐藏。

操作步骤

STEP 01 将后发区的头发在后发区底端梳理成发髻并固定。
STEP 02 用尖尾梳辅助将刘海区的头发向上翻卷。
STEP 03 将翻卷好的头发固定并对其弧度做出调整。
STEP 04 将顶发区的头发用尖尾梳辅助向上翻卷并固定。
STEP 05 将顶发区另外一侧的头发用尖尾梳辅助向上翻卷并固定。
STEP 06 将后发区一侧的头发向后打卷并固定。
STEP 07 将另外一侧发区的头发留出一定的空间，扭转并固定。
STEP 08 将剩余发尾在后发区位置打卷并固定。
STEP 09 在后发区位置取部分发尾，向造型一侧打卷并固定。
STEP 10 继续取头发，向上扭转并固定。
STEP 11 将侧发区剩余的头发提拉至后发区位置，扭转并固定。
STEP 12 将剩余的头发在后发区底端固定并调整其层次。
STEP 13 在头顶位置佩戴饰品，装饰造型。造型完成。

★★★☆

所用手法

① 上翻卷造型
② 手打卷造型

造型重点

注意刘海区的翻卷弧度，翻卷要适当对额头位置进行遮挡，遮挡位置以不超过眉峰的位置为宜。

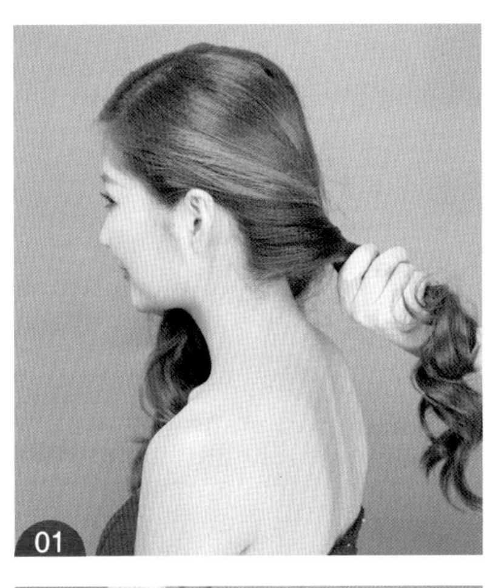

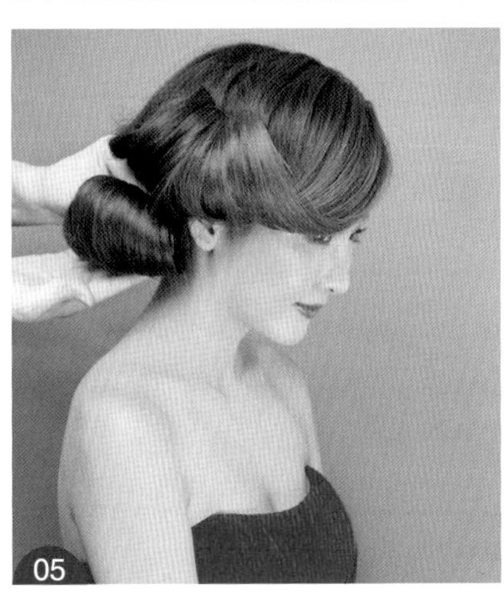

操作步骤

STEP 01 将一侧发区连带后发区的部分头发向后扭转。

STEP 02 将扭转好的头发在后发区位置固定。

STEP 03 用尖尾梳辅助将刘海区的头发向上翻卷。

STEP 04 将翻卷好的头发用发卡固定。

STEP 05 将后发区的头发在造型一侧向上翻卷。

STEP 06 将翻卷好的头发在刘海弧度下方固定。

STEP 07 在造型结构衔接处佩戴造型花，装饰造型。

STEP 08 在头顶位置佩戴造型花，装饰造型。

STEP 09 造型完成。

难度系数

★★★☆

所用手法

上翻卷造型

造型重点

此款造型采用偏侧式的表现形式，在造型的时候要将头发分片收至一侧，注意翻卷弧度要流畅。

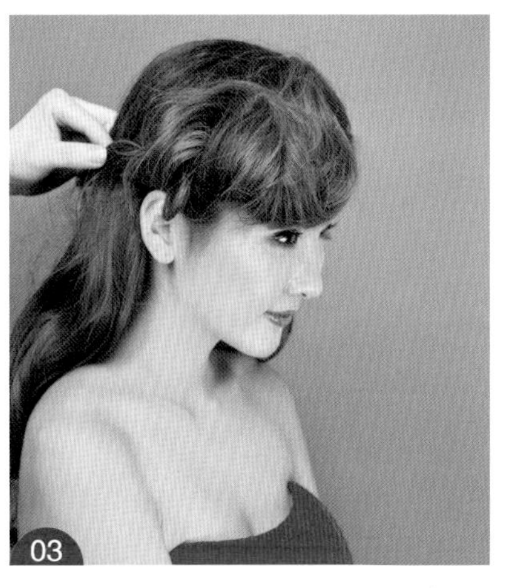

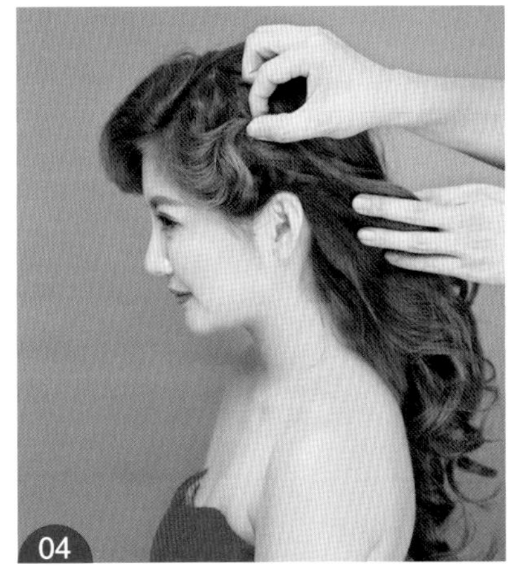

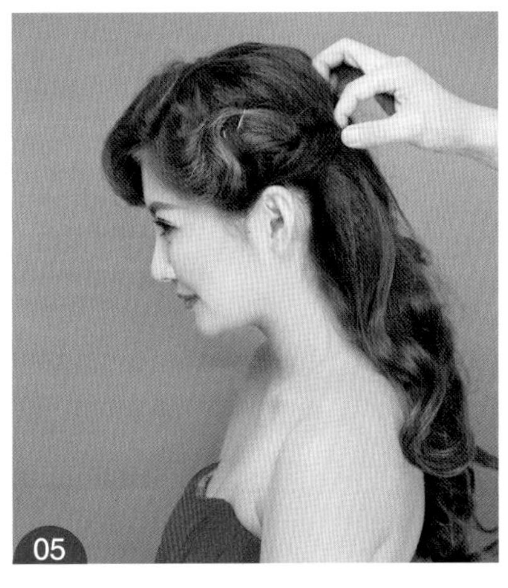

操作步骤

STEP 01 将刘海区的头发向一侧梳理，使其呈现出一定的弧度感。

STEP 02 将刘海区的头发向上翻卷，适当向前推并固定。

STEP 03 将一侧发区的头发向后扭转并固定。

STEP 04 将另外一侧发区的头发向前推，适当扭转后固定。

STEP 05 在后发区一侧取头发，扭转后固定。

STEP 06 将剩余的头发在后发区位置收拢后向上提拉，扭转并固定。

STEP 07 将固定之后剩余的发尾继续打卷并固定。

STEP 08 调整固定之后头发的层次感，使造型更加饱满。

STEP 09 佩戴饰品，装饰造型。造型完成。

难度系数

★★★★☆

所用手法

① 上翻卷 ② 手打卷

造型重点

此款造型中，刘海区及一侧发区的头发在固定的时候都被适当向前推，这样做的目的是使头发呈现更加饱满、立体的纹理感。

Hairstyle and Makeup

甜美风格晚礼妆容造型

操作步骤

STEP 01 在上眼睑位置粘贴美目贴，调整双眼皮的宽度。

STEP 02 在上眼睑位置晕染白色珠光眼影。

STEP 03 在眼头位置晕染白色珠光眼影。

STEP 04 提拉上眼睑的皮肤，在上、下眼睑位置分别描画自然平缓的眼线，眼线在眼尾呈开口状。

STEP 05 夹翘睫毛后，用睫毛膏涂刷，使其更加卷翘。

STEP 06 在上眼睑位置粘贴假睫毛。

STEP 07 将一段长度大约为第一层假睫毛2/3的假睫毛粘贴在第一层假睫毛之上。

STEP 08 在下眼睑点缀粘贴下睫毛，下睫毛的粘贴呈前短后长的状态。

STEP 09 在上眼睑晕染蓝色亚光眼影。

STEP 10 在下眼睑自然晕染蓝色亚光眼影。

STEP 11 在上眼睑位置晕染黄色眼影，将蓝色眼影的边缘过渡得柔和自然。

STEP 12 在下眼睑晕染黄色眼影。

STEP 13 用咖啡色眉笔描画眉形，用灰色眉笔描画眉头的位置，眉形要自然。

STEP 14 在唇部自然涂抹玫红色唇膏。

STEP 15 在上下唇高点位置自然点缀透明的唇彩。

STEP 16 斜向晕染棕色腮红，提升面部的立体感。晕染粉嫩感腮红，使肤色红润亮泽。

配色方案

眼妆采用蓝色和自然的黄色相互搭配，两者之间的色彩关系非常协调，产生从蓝色到淡绿到黄色之间的色彩过渡，为了使眼妆的色彩还原度更高，用白色珠光眼影做第一层底色。玫红色的唇妆与眼妆相互搭配，使整个妆容呈现更加柔和明快的感觉，并且提升肤色的明亮度。

妆容重点

打造此款妆容要注意下睫毛的精致处理，在粘贴下睫毛的时候注意粘贴的角度，使其与真睫毛的走向一致，不要太贴下眼睑。

操作步骤

STEP 01 粘贴好假睫毛后，用水性眼线笔描画一条自然流畅的眼线。

STEP 02 描画好眼线后，在后眼尾局部叠加粘贴一条假睫毛。

STEP 03 在上眼睑后半段用玫红色亚光眼影晕染过渡。

STEP 04 在上眼睑前半段用黄色亚光眼影晕染过渡。

STEP 05 在下眼睑位置用蓝色亚光眼影晕染过渡。

STEP 06 用水性眼线笔描画仿真下睫毛。

STEP 07 用水性眼线笔继续对眼线进行加深描画。

STEP 08 在下眼睑内眼角位置用白色珠光眼线笔描画。

STEP 09 用咖啡色眉笔描画平缓的眉形。

STEP 10 斜向晕染红润感腮红，使肤色更柔和。

STEP 11 在唇部涂抹红润感唇彩，调整唇色，使整体妆容更甜美。

配色方案

采用黄色眼影与玫红色眼影相互结合，完成上眼睑眼妆的晕染，两者之间的结合可以产生更绚烂的色彩效果。下眼睑采用蓝色眼影晕染，产生弱对比关系，丰富眼妆色彩。

妆容重点

描画眼妆的先后顺序没有固定的模式，有些眼形需要先通过假睫毛及眼线来调整轮廓感，就可以先粘贴假睫毛和描画眼线等。

操作步骤

STEP 01　将刘海区的头发进行中分。

STEP 02　用电卷棒将头发烫出较为自然的卷度。

STEP 03　将一侧发区的头发向后扭转并固定。

STEP 04　将另外一侧发区的头发向后扭转并固定。

STEP 05　从后发区取头发，进行三股辫连编。

STEP 06　继续向下编发，用三股辫编发的形式收尾。

STEP 07　将编好的头发向上盘绕，打卷并固定。

STEP 08　在头顶位置佩戴发带，将发带的两端在后发区位置固定。

STEP 09　在后发区位置佩戴造型花，装饰造型。造型完成。

难度系数

★★☆

所用手法

① 三股辫连编

② 电卷棒烫发

造型重点

在将头发烫卷的时候，刘海区的头发的卷度可以适当大一些，这样会使造型的层次感更强。

操作步骤

STEP 01 将一侧发区的头发向上提拉，扭转并固定。

STEP 02 将刘海区连带另外一侧发区的头发向后扭转并固定。

STEP 03 将后发区的头发在后发区底端向上扭转并固定。

STEP 04 将剩余的头发收拢在一起，向上提拉，扭转并固定。

STEP 05 用手调整固定之后剩余的发尾的层次，使其纹理感更加丰富。

STEP 06 将丝带抓出蝴蝶结的形状，对造型进行修饰。

STEP 07 佩戴造型花，装饰造型。造型完成。

难度系数

★★★

所用手法

扭转固定

造型重点

此款造型的手法是比较单一的，相对容易操作。但需要注意的是后发区向上扭转的头发的量较大，扭转时手要握紧，并且固定要牢固。

操作步骤

STEP 01 将一侧发区的头发向后扭转并固定。

STEP 02 将另外一侧发区的头发向后扭转并固定。

STEP 03 将后发区一侧的头发向上提拉，扭转并固定。

STEP 04 将后发区另外一侧的头发向上提拉，扭转并固定。

STEP 05 将刘海区的头发向上翻卷。

STEP 06 将翻卷好的头发固定。

STEP 07 将固定之后剩余的发尾在后发区位置打卷并固定。

STEP 08 将后发区底端的部分头发向上整理出一定的弧度并固定。

STEP 09 固定之后将头发向下扭转出一个弧度，继续固定。

STEP 10 将后发区底端剩余的头发向上扭转并固定。

STEP 11 将后发区剩余的头发打卷，在后发区底端固定。

STEP 12 佩戴饰品，对造型进行修饰。造型完成。

难度系数

★★★★☆

所用手法

① 上翻卷造型

② 手打卷造型

造型重点

佩戴饰品的位置刚好是盘卷弧度时在头发表面固定发卡的位置，可以用饰品来遮盖这个瑕疵。

操作步骤

STEP 01 将一侧发区的头发向上提拉，向前扭转并固定。
STEP 02 将另外一侧发区的头发向上提拉，向后扭转并固定。
STEP 03 将两侧发区剩余的发尾调整出层次，在头顶位置固定。
STEP 04 将顶发区及后发区位置的部分头发向上扭转并固定。
STEP 05 将固定好的头发调整出层次，使其更加自然。
STEP 06 将后发区位置的头发自然向上提拉，扭转并固定。
STEP 07 将固定好的头发调整出层次感。
STEP 08 将刘海区的头发向后扭转并适当向前推，然后将其固定。
STEP 09 将固定之后的剩余发尾打卷并调整出层次。
STEP 10 佩戴饰品，对造型进行装饰。造型完成。

难度系数

所用手法

手打卷造型

造型重点

此款造型样式简单大方。顶发区发丝的层次要呈现自然的纹理状态，可用手及尖尾梳辅助来调整层次。

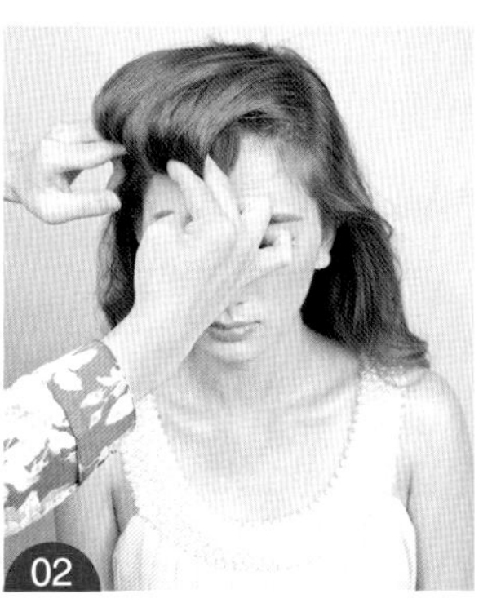

操作步骤

STEP 01　将刘海区的头发向下打卷。

STEP 02　将打卷好的头发固定并对其轮廓感做调整。

STEP 03　将一侧发区连带后发区的头发用三股一边带的手法编发。

STEP 04　将编好的头发在后发区位置固定。

STEP 05　将另外一侧发区的头发用三股一边带的手法编发。

STEP 06　将编好的头发在后发区位置扭转并固定。

STEP 07　在后发区一侧取头发，向上扭转并固定。

STEP 08　将后发区剩余的头发向上提拉并扭转。

STEP 09　将扭转的头发细致、牢固地固定。

STEP 10　将固定之后剩余的发尾固定，并对其层次做调整。

STEP 11　在头顶位置佩戴纱质发带。造型完成。

难度系数

★★★

所用手法

① 下扣卷造型

② 三股一边带编发

造型重点

刘海区的下扣卷造型要呈现一定的角度，这个角度可根据发际线的走向来调整，应适当对额头位置进行遮挡。

操作步骤

STEP 01 将刘海区的头发在后发区一侧固定。

STEP 02 在头顶位置佩戴纱质发带，对额头位置进行适当遮挡。

STEP 03 将后发区一侧的头发扭转并固定。

STEP 04 将固定之后剩余的发尾调整出层次并固定。

STEP 05 将后发区剩余的头发向上扭转并固定，对其层次做出调整。

STEP 06 在头顶位置佩戴网眼纱，装饰造型。

STEP 07 在网眼纱基础之上继续佩戴造型花，对造型进行装饰。

STEP 08 在另外一侧佩戴造型花，对发带进行修饰。造型完成。

★★★

抓纱造型

此款造型先佩戴纱质发带来修饰额头位置，然后用头发来修饰发带，之后用抓网眼纱的手法来修饰造型。这种穿插的形式比较有利于隐藏发型缺陷。

操作步骤

STEP 01 将一侧发区的头发分片向上扭转并固定。

STEP 02 将固定之后剩余的发尾向前打卷并固定。

STEP 03 将另一片发尾向前打卷并固定。

STEP 04 将后发区的头发向一侧打卷并固定。

STEP 05 将顶发区的头发向前提拉，打卷并固定。

STEP 06 将刘海区的部分头发打卷并固定。

STEP 07 继续取刘海区的头发，向前打卷并固定。

STEP 08 将后发区的头发向前打卷并固定。

STEP 09 调整固定好的头发的层次和轮廓，使其更加饱满自然。

STEP 10 在造型一侧佩戴造型花，装饰造型。

STEP 11 在造型另外一侧佩戴造型花，装饰造型。造型完成。

难度系数

★★★★☆

所用手法

手打卷造型

造型重点

此款造型用较多的打卷手法完成造型结构，注意卷与卷之间的衔接。发卡要尽量隐藏好，打卷时固定发卡很重要，过多外露的发卡会使造型不美观。

操作步骤

STEP 01 用尖尾梳辅助，将刘海区的头发向上翻卷。

STEP 02 将翻卷好的头发固定，注意对其弧度做调整。

STEP 03 将顶发区连同后发区的头发用三股辫连编的形式编发。

STEP 04 继续向下编发，边编发边调整其角度。

STEP 05 将编好的头发用皮筋固定。

STEP 06 将另外一侧发区的头发向后扭转并固定。

STEP 07 将顶发区及后发区的头发用三股辫连编的手法编发。

STEP 08 继续向下编发并对编发角度做调整。

STEP 09 将编好的头发的发尾用皮筋固定。

STEP 10 将左右两侧的头发在后发区底端收拢并固定。

STEP 11 在造型一侧佩戴造型花，装饰造型。

STEP 12 在刘海区翻转弧度的位置佩戴造型花，装饰造型。造型完成。

★★★☆

所用手法

① 上翻卷造型

② 三股辫连编

造型重点

在造型的时候注意从正面观察发型的侧轮廓，编发要使侧轮廓呈现自然的轮廓感，不要使其过于光滑。

操作步骤

STEP 01 将刘海区的头发用三股一边带的手法编发。
STEP 02 边向下编发边带入顶发区和后发区的头发。
STEP 03 将编好的头发的发尾用皮筋固定。
STEP 04 将头发向前扭转并固定。
STEP 05 将剩余发尾在一侧向上翻卷并固定。
STEP 06 将另外一侧发区的头发用三股一边带的手法向后发区方向编发。
STEP 07 继续向后编发，边编发边带入后发区的头发。
STEP 08 将编好的头发在后发区位置扭转并固定。
STEP 09 将剩余发尾调整出层次并固定。
STEP 10 将后发区位置剩余的头发调整出层次感。
STEP 11 将调整好层次的头发在一侧固定。
STEP 12 佩戴饰品，对造型进行装饰。造型完成。

★★★

所用手法

① 三股一边带编发
② 上翻卷造型

此款造型呈偏向一侧的感觉，注意发丝的层次感，尤其是修饰侧轮廓的发丝层次要乱而有序。

操作步骤

STEP 01 将刘海区的头发进行间隔编发。

STEP 02 将编好的头发固定。

STEP 03 在其下方继续进行第二层间隔编发。

STEP 04 将编好的头发固定。

STEP 05 将刘海区剩余的头发连同侧发区的头发进行鱼骨辫编发。

STEP 06 编发应呈上松下紧的状态。

STEP 07 将编好的头发向上提拉，在后发区位置固定。

STEP 08 将另外一侧发区的头发向后扭转并固定。

STEP 09 将剩余的头发在后发区位置进行三股辫连编。

STEP 10 将编好的头发向上提拉，在后发区位置固定。

STEP 11 在后发区位置佩戴蝴蝶结，装饰造型。

STEP 12 在刘海区位置佩戴蝴蝶结，装饰造型。

★★★

所用手法

① 间隔编发

② 鱼骨辫编发

间隔编发也被称为瀑布编发，在编发的时候注意头发的交叉顺序，要使其呈现有规律的错落感。

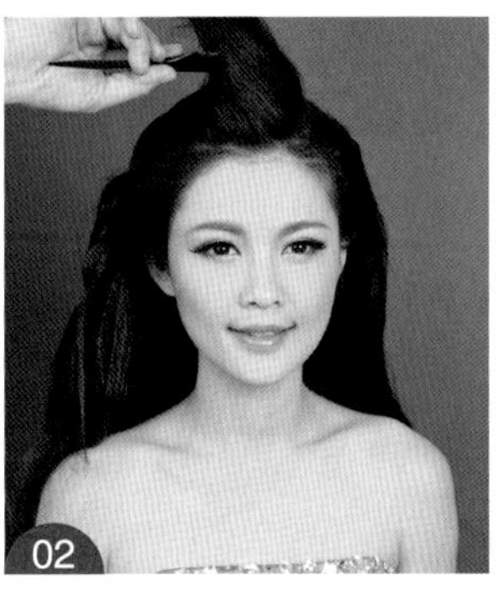

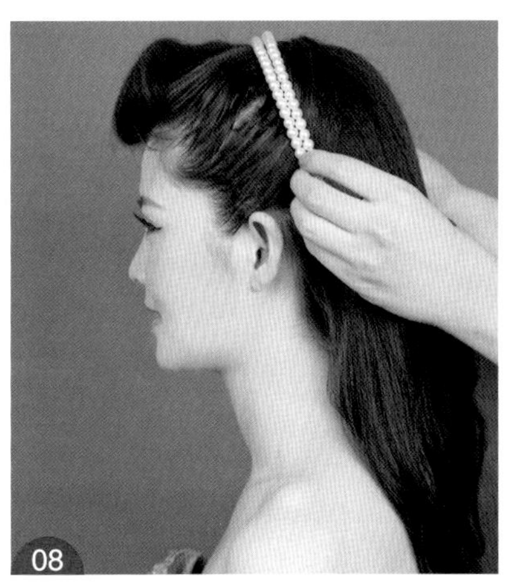

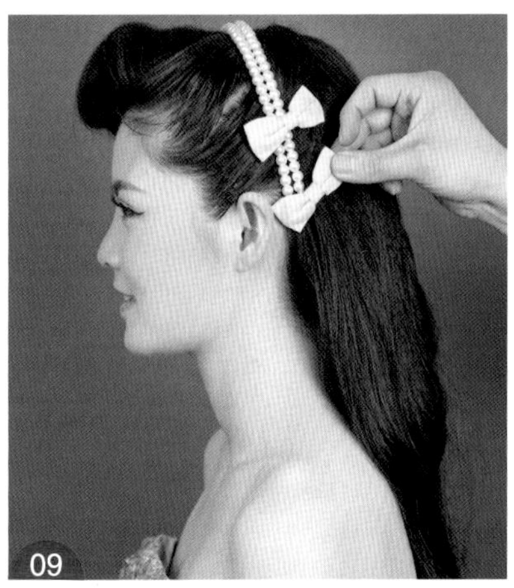

操作步骤

STEP 01 用电卷棒将头发自然烫卷。

STEP 02 将刘海区的头发向上提拉并倒梳。

STEP 03 将刘海区的头发向下扣卷，使其呈卷筒状。

STEP 04 将一侧发区的头发向上提拉并扭转。

STEP 05 将扭转好的头发在刘海区后方固定。

STEP 06 将另外一侧发区的头发向上提拉并扭转。

STEP 07 将扭转好的头发在头顶位置固定。

STEP 08 佩戴珍珠发卡，装饰造型。

STEP 09 在珍珠发卡一侧佩戴蝴蝶结，装饰造型。

STEP 10 在珍珠发卡另外一侧佩戴蝴蝶结，装饰造型。

① 下扣卷造型

② 电卷棒烫发

刘海区的下扣卷要呈现较为饱满的弧度感，这样可以在一定程度上起到拉长脸形的作用。

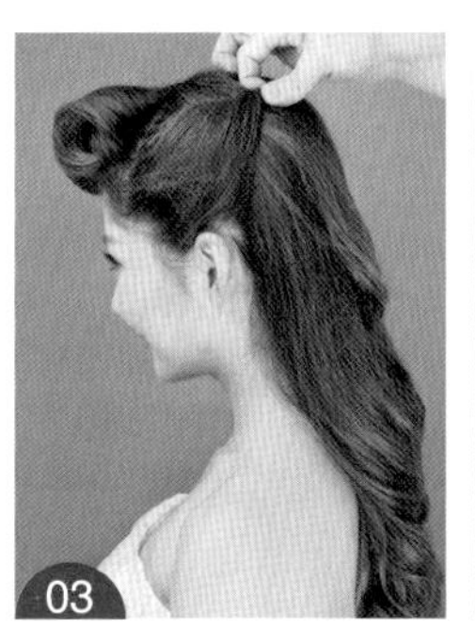

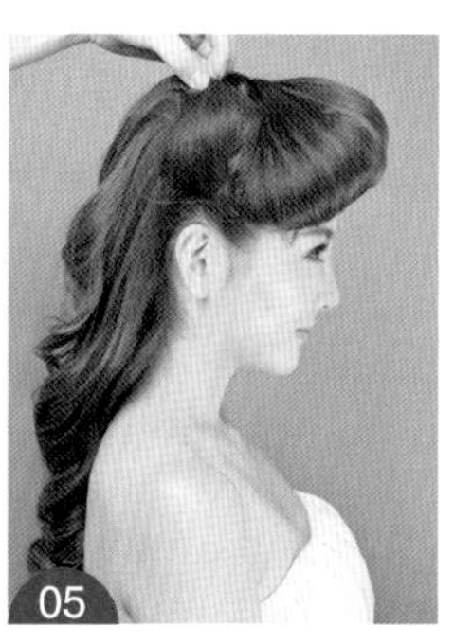

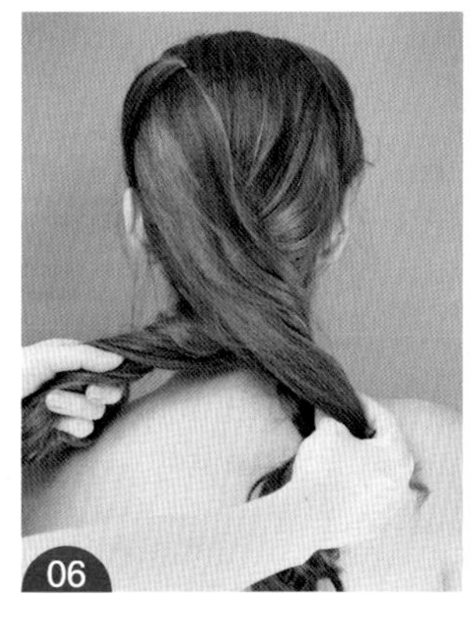

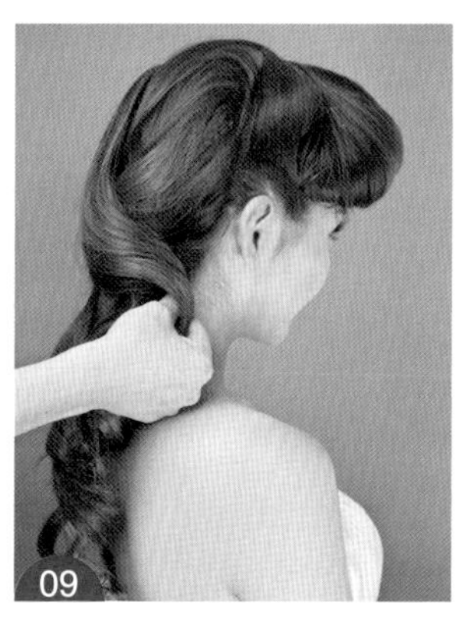

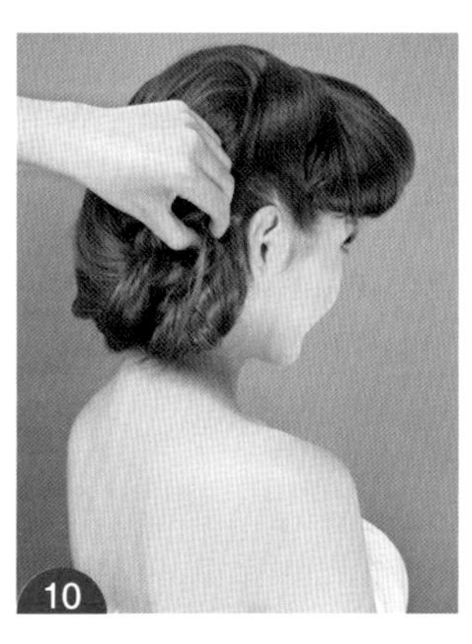

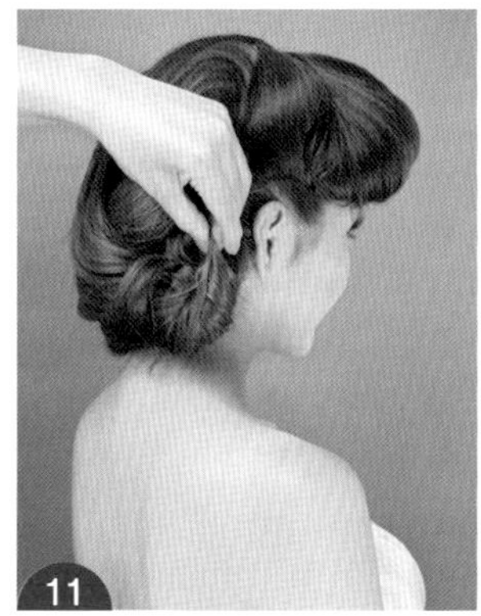

操作步骤

STEP 01 将刘海区的头发向上提拉并向下扣卷。

STEP 02 将扣卷好的头发固定，发卡要隐藏好。

STEP 03 将一侧发区的头发向上提拉，扭转并固定。

STEP 04 将另外一侧发区的头发向上提拉并扭转。

STEP 05 将扭转好的头发固定。

STEP 06 将后发区的头发左右交叉。

STEP 07 将其中一部分头发在后发区一侧固定。

STEP 08 固定之后对其弧度做出调整，使其呈现更加饱满的状态。

STEP 09 将另外一部分头发扭转并固定。

STEP 10 将固定后剩余的头发继续向上扭转并固定。

STEP 11 对固定之后的头发的轮廓做出调整，使其呈现更加饱满的状态。

STEP 12 在头顶位置佩戴珍珠发卡，装饰造型。

STEP 13 在一侧发区位置佩戴蝴蝶结，装饰造型。造型完成。

下扣卷造型

造型重点

在造型的时候可以将多种饰品相互结合在一起进行搭配，但要考虑到质感及款型的协调性。例如，此款造型中的布艺蝴蝶结和珍珠发卡的搭配就比较协调。

Hairstyle and Makeup

优雅风格晚礼妆容造型

操作步骤

STEP 01 描画上眼线并处理好真睫毛后，在上眼睑粘贴较为浓密的假睫毛。

STEP 02 粘贴好假睫毛之后，在其基础之上继续描画一条自然上扬的眼线。

STEP 03 用铅质眼线笔在下眼睑位置描画眼线，眼线要贯穿整个下眼睑。

STEP 04 在上眼睑位置涂抹白色珠光眼影进行提亮。

STEP 05 在上眼睑眼尾位置晕染橘红色眼影。

STEP 06 在下眼睑晕染橘红色眼影。

STEP 07 在上下眼睑用深金棕色眼影过渡晕染。

STEP 08 在下眼睑一根根粘贴假睫毛，使眼妆更加深邃。

STEP 09 用咖啡色眉笔描画眉毛，眉形偏粗，平缓自然。

STEP 10 斜向晕染棕色珠光腮红，提升面部的立体感。

STEP 11 在唇部涂抹偏紫红色的唇膏，不要涂抹得过于厚重，要塑造轮廓感自然的唇形。

配色方案

眼妆的眼影将橘红色与深金棕色相互结合，两者结合后形成较暗的棕红色，这种色彩可以与唇妆的紫红色相互协调，又不会显得过于单一。

妆容重点

因为要在整个下眼睑粘贴假睫毛，所以下眼睑的眼影在整个下眼睑晕染，并与睫毛之间相互协调。假睫毛的粘贴要从后向前逐渐变短，不要粘贴出参差不齐的感觉。

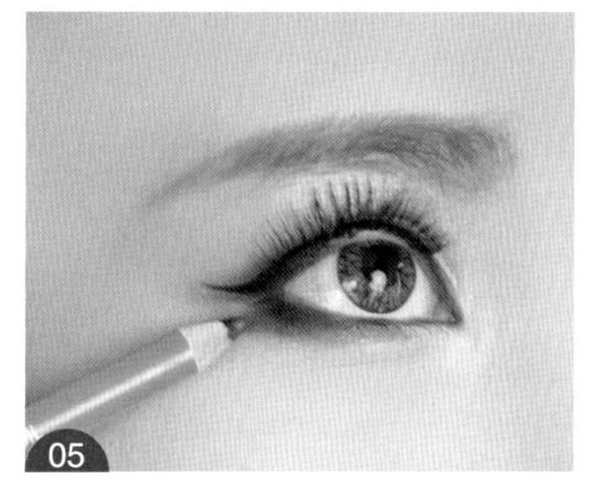

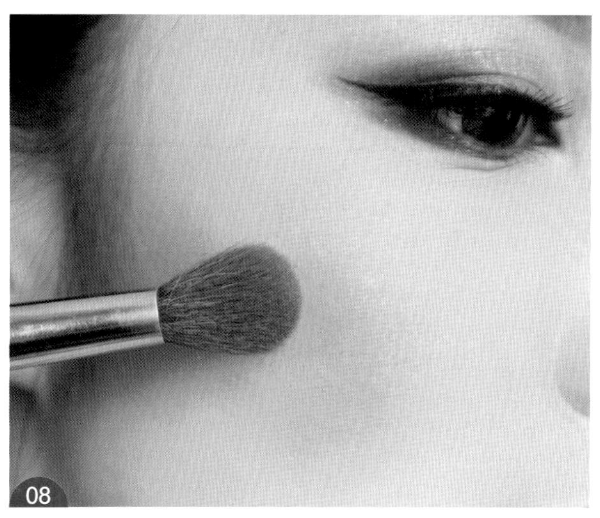

操作步骤

STEP 01 在上眼睑后半段晕染紫色眼影。

STEP 02 在上眼睑前半段晕染金色眼影，晕染至眉毛下方。在下眼睑用紫色眼影过渡。

STEP 03 在上眼睑粘贴假睫毛，然后用水性眼线笔描画一条细致流畅的眼线。

STEP 04 用铅质眼线笔描画下眼线。

STEP 05 用咖啡色眉笔描画眉毛，眉形要平缓自然。

STEP 06 涂抹裸色唇膏，调整唇色。

STEP 07 涂抹桃红色亮泽唇膏，唇形轮廓要饱满清晰。

STEP 08 斜向晕染棕色腮红，提升面部的立体感。

配色方案

眼影采用金色作为底色，用紫色亚光眼影对局部进行修饰，紫色与金色形成自然柔和的过渡。桃红色唇妆提升了妆容的暖色质感。

妆容重点

在局部修饰眼妆的时候，一般用珠光色做大面积晕染，用亚光色做局部加深晕染，这样可以使眼妆的立体感更强。

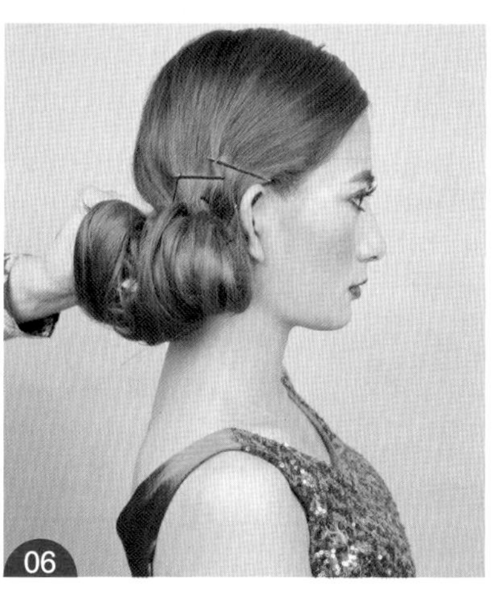

操作步骤

STEP 01 将刘海区的头发向一侧梳理干净。

STEP 02 将一侧发区连同后发区的头发在后发区底端向上扭转并固定。

STEP 03 将刘海区连同后发区的头发用连排发卡固定。

STEP 04 将其中部分头发向上翻卷。

STEP 05 将翻卷好的头发固定。

STEP 06 将后发区剩余的头发向上翻卷。

STEP 07 将翻卷好的头发固定，并对造型的轮廓做调整。

STEP 08 在一侧佩戴造型花，装饰造型。

STEP 09 在另外一侧佩戴造型花，装饰造型。造型完成。

难度系数

★★★

所用手法

上翻卷造型

造型重点

此款造型结构比较简单，采用了单侧的上翻卷造型。为了不使造型显得老气，也为了协调左右两侧的平衡感，采用造型花在造型两侧做装饰。

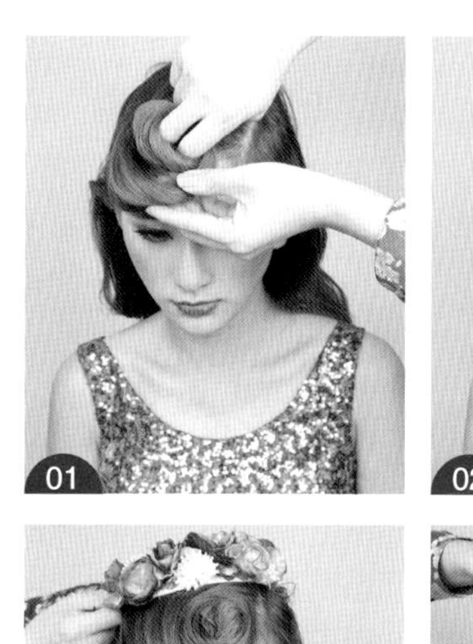

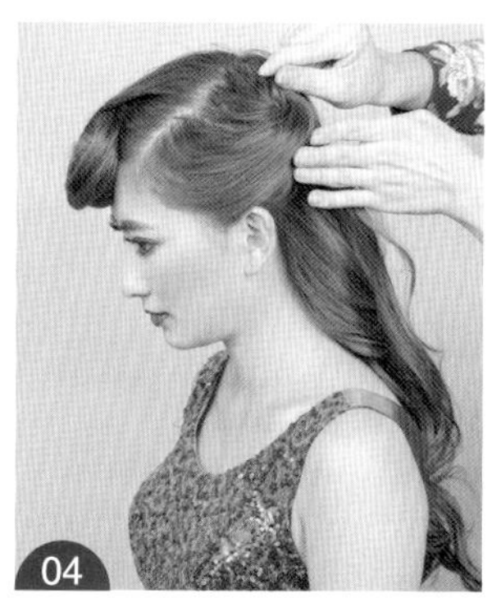

操作步骤

STEP 01 将刘海区的头发向前提拉并打卷。

STEP 02 将打卷好的头发固定。

STEP 03 将一侧发区的头发向上提拉，扭转并固定。

STEP 04 将另外一侧发区的头发向上提拉，扭转并固定。

STEP 05 在头顶位置佩戴饰品，装饰造型。

STEP 06 将后发区一侧的头发向上提拉，扭转并固定。

STEP 07 将后发区另外一侧的头发向上提拉，扭转并固定。

STEP 08 将部分发尾向顶发区位置有层次地收起并固定。

STEP 09 将剩余发尾向顶发区位置收起并固定。

STEP 10 调整顶发区一侧固定好的头发的层次和轮廓。

STEP 11 调整顶发区另外一侧固定好的头发的层次和轮廓。

★★★★

手打卷造型

刘海区的头发在额头位置的盘绕打卷要形成圆润的弧度，固定的发卡要尽量隐藏好。

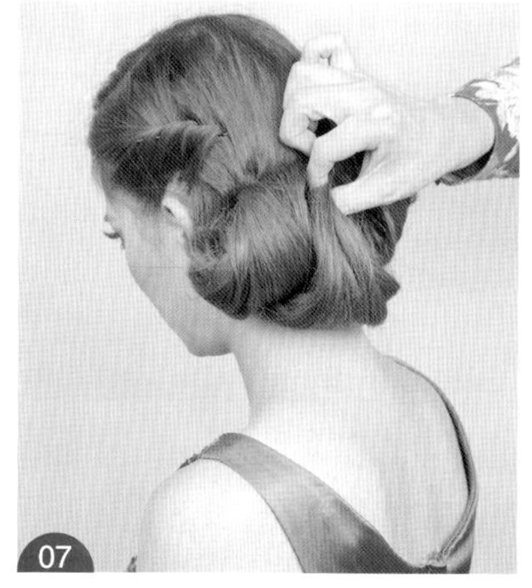

操作步骤

STEP 01 将刘海区的头发向上翻卷。

STEP 02 将翻卷好的头发固定并对其弧度感做调整。

STEP 03 将后发区位置的部分头发向前推并用发卡固定。

STEP 04 将固定之后的头发斜向上翻卷并固定。

STEP 05 将另外一侧发区的头发扭转并固定。

STEP 06 将固定之后剩余的发尾连同部分后发区的头发向上翻卷。

STEP 07 将后发区位置剩余的头发向上翻卷并固定。

STEP 08 在后发区一侧佩戴造型花，装饰造型。

STEP 09 在头顶位置用波点纱进行抓纱造型。

STEP 10 佩戴造型花，点缀造型。造型完成。

难度系数

★★★☆

所用手法

① 上翻卷造型

② 抓纱造型

造型重点

在后发区一侧翻卷之前先横向用发卡固定，其目的是制作一个支撑点，使翻卷的弧度更自然。

操作步骤

STEP 01 将后发区的头发在后发区底端左右叠加，扭转并固定。

STEP 02 将刘海区及一侧发区的头发扭转，在后发区一侧固定。

STEP 03 将固定之后剩余的头发继续做一次扭转，在后发区底端固定。

STEP 04 将另外一侧发区的头发扭转，在后发区底端固定。

STEP 05 将固定之后剩余的发尾在后发区位置打卷。

STEP 06 将后发区剩余的头发适当扭转，向上盘绕并固定。

STEP 07 调整固定好的头发的层次。

STEP 08 在后发区位置佩戴饰品，装饰造型。

STEP 09 在后发区位置佩戴绢花饰品，进行点缀。造型完成。

手打卷造型

造型重点

后垂的造型不用处理得过于光滑。适当保留有层次的发丝，可以使造型花与造型之间的衔接更自然。

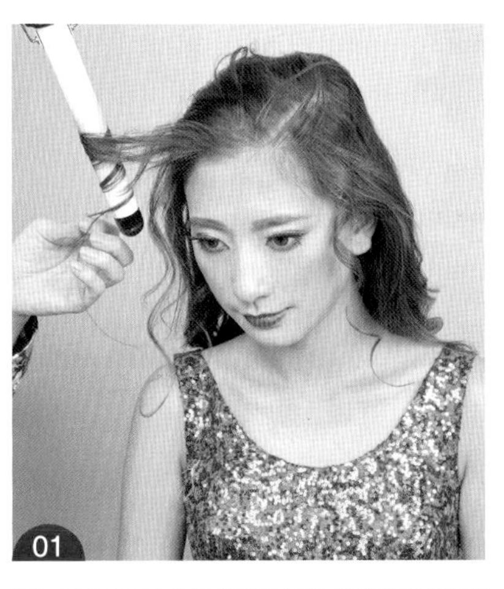

操作步骤

STEP 01 将刘海区保留的部分发丝用电卷棒烫卷。

STEP 02 将一侧发区的头发向后发区方向扭转并固定。

STEP 03 将刘海区的头发向后发区方向扭转并固定。

STEP 04 将另外一侧发区的头发向后发区方向扭转并固定。

STEP 05 将固定之后剩余的发尾在后发区位置打卷并固定。

STEP 06 在后发区位置佩戴绢花饰品。

STEP 07 从后发区一侧取头发，打卷并固定在绢花饰品下方。

STEP 08 从后发区另外一侧取头发，扭转并固定。

STEP 09 继续从反方向取头发，扭转并固定。造型完成。

难度系数

★★★☆

所用手法

① 电卷棒烫发 ② 手打卷造型

造型重点

两侧保留垂落的卷曲发丝，这种方式适合刘海区的头发比整体头发长度短的人，不适合头发较长而长度又一致的人。

操作步骤

STEP 01 将刘海区的头发向上翻卷。

STEP 02 将翻卷好的头发用发卡固定并调整其弧度。

STEP 03 将一侧发区的头发向上提拉，扭转并固定。

STEP 04 将另外一侧发区的头发向上提拉，向前扭转并固定。

STEP 05 将后发区的部分头发在后发区一侧打卷并固定。

STEP 06 将剩余的头发在后发区另外一侧打卷并固定。

STEP 07 在头顶位置佩戴纱质发带，装饰造型。

STEP 08 将发带两侧的纱抓出褶皱和层次并固定。

难度系数

① 上翻卷造型

② 手打卷造型

造型重点

刘海区的头发的翻卷呈向上隆起的弧度，注意发卡要隐藏好。额头比较高的人不适合这种刘海形式。

操作步骤

STEP 01 将刘海区连带一侧发区的头发向后扭转。

STEP 02 将扭转好的头发在耳后位置固定。

STEP 03 将另外一侧发区的头发扭转并固定。

STEP 04 将后发区位置的头发用两股辫连编的形式编发。

STEP 05 将编好的头发在后发区位置扭转并固定。

STEP 06 继续将后发区位置的头发向上提拉，扭转并固定。

STEP 07 将剩余的部分发尾在一侧打卷并固定。

STEP 08 将剩余的头发在一侧打卷并固定。

STEP 09 佩戴饰品，装饰造型。造型完成。

难度系数

★★★

所用手法

① 两股辫连编 ② 手打卷造型

造型重点

注意造型结构的两个打卷不要角度一致，一个向上倾斜，一个向下倾斜，这样可以使造型的侧轮廓更加饱满。

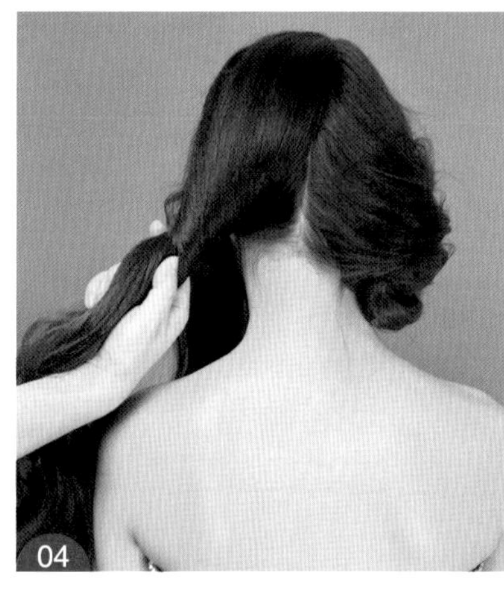

操作步骤

STEP 01　将一侧发区的头发在耳后位置整理好。

STEP 02　带入后发区的头发，用三股辫反编的形式编发。

STEP 03　将编好的头发向上固定，修饰造型的侧轮廓。

STEP 04　将后发区另外一侧的头发先做一个扭转。

STEP 05　用三股辫反编的手法处理扭转的头发。

STEP 06　将编好的头发向上收拢，在后发区一侧固定。

STEP 07　将刘海区的头发进行松散的三股辫编发。

STEP 08　将编好的头发在耳后位置固定。

STEP 09　佩戴饰品，装饰造型。造型完成。

难度系数

★★★

所用手法

① 三股辫编发　② 三股辫反编

造型重点

在后发区一侧位置编发前先将头发做了扭转，改变了造型方位，这样做可以使编发更适合造型所需要的角度。

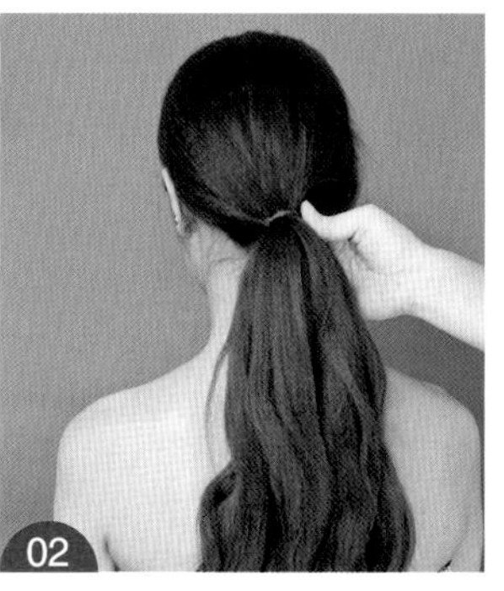

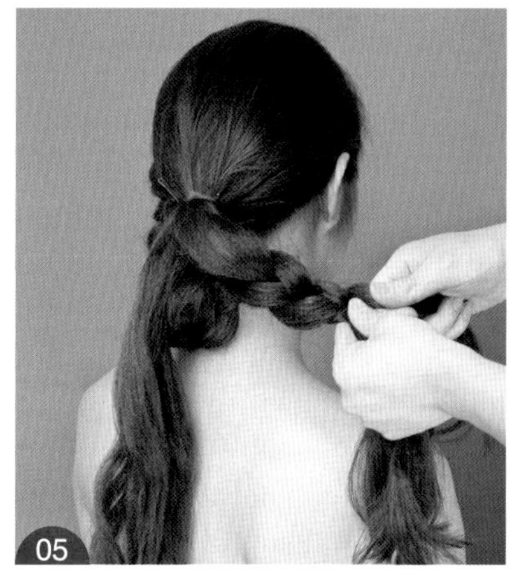

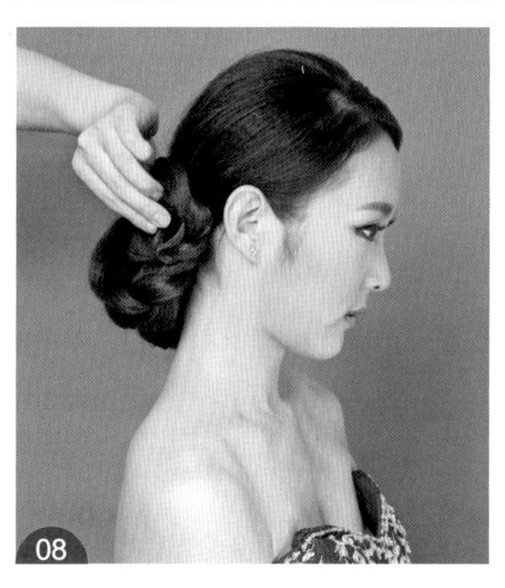

操作步骤

STEP 01 将刘海区的头发梳理光滑，对额头位置进行适当遮挡。

STEP 02 将所有头发在后发区位置扎马尾。

STEP 03 取马尾中部分头发，进行三股辫编发。

STEP 04 将编好的头发向上盘绕，打卷并固定。

STEP 05 继续从剩余的头发中取部分头发，进行三股辫编发。

STEP 06 将编好的头发向上盘绕并固定。

STEP 07 将剩余的头发进行三股辫编发。

STEP 08 将编好的头发盘绕，打卷并固定。

STEP 09 佩戴造型花，装饰造型。

STEP 10 在后发区佩戴饰品，装饰造型。

★★☆

① 扎马尾

② 三股辫编发

此款造型的处理方式简单，在固定后发区位置的辫子的时候，要呈现圆润的轮廓感。

01

02

03

04

05

06

07

08

09

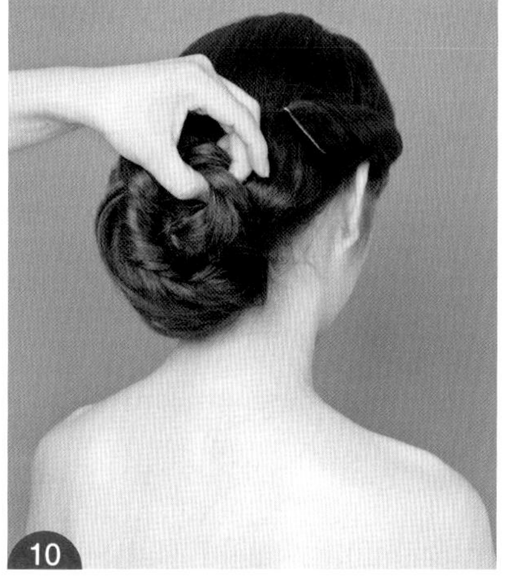
10

11

操作步骤

STEP 01　将后发区两侧的头发用鱼骨辫的形式向下编发。

STEP 02　将编好的头发在后发区一侧打卷并固定。

STEP 03　将后发区位置剩余的头发继续用鱼骨辫的形式向下编发。

STEP 04　将刘海区的头发向上翻卷。

STEP 05　将翻卷好的头发在耳后位置固定。

STEP 06　将另外一侧发区的头发进行松散的三股辫编发。

STEP 07　将侧发区的头发向上扭转并固定。

STEP 08　将剩余发尾在后发区位置打卷并固定。

STEP 09　将另外一侧剩余的发尾打卷并固定。

STEP 10　将后发区剩余的辫子向上盘绕，打卷并固定。

STEP 11　佩戴饰品，装饰造型。造型完成。

难度系数

★★★

所用手法

① 鱼骨辫编发

② 手打卷造型

造型重点

在盘绕后发区位置的辫子的时候，要将辫子盘绕出花形层次，丰富造型的纹理感。

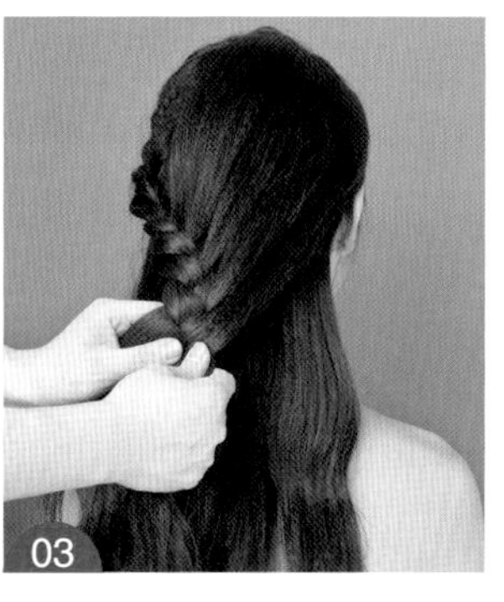

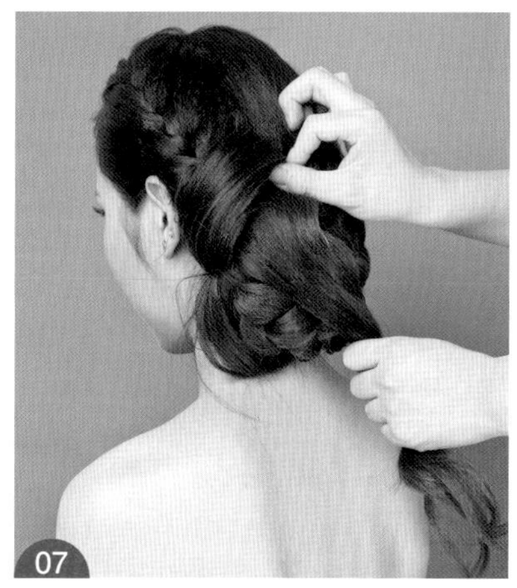

操作步骤

STEP 01 将刘海区的头发用三股一边带的形式向后编发。

STEP 02 边编发边带入侧发区的头发。

STEP 03 连接顶发区和另外一侧发区的头发，向后发区方向编发。

STEP 04 带入后发区底端的部分头发，继续向下编发。

STEP 05 将编好的头发在后发区位置盘绕，打卷并固定牢固。

STEP 06 将后发区剩余的头发向上翻卷。

STEP 07 将翻卷好的头发固定牢固。

STEP 08 将剩余发尾打卷。

STEP 09 将打好的卷在造型一侧固定。

STEP 10 佩戴饰品，装饰造型。造型完成。

难度系数

★★★☆

所用手法

① 三股一边带编发

② 上翻卷造型

造型重点

在做三股一边带编发的时候，注意带入另外一侧发区的头发的时机。编发的时候不要出现生硬的直角衔接，要自然流畅地编下来。

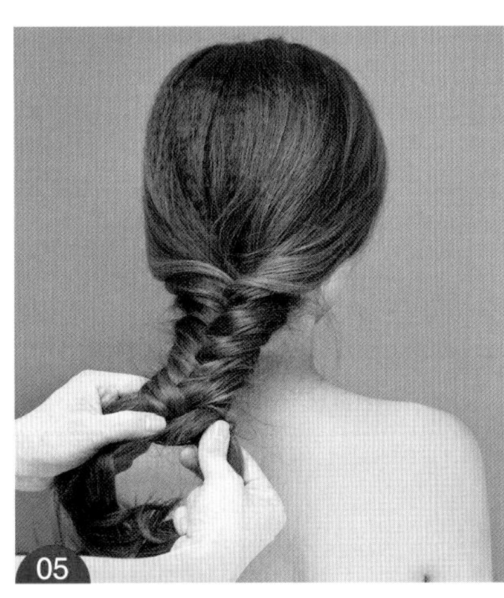

操作步骤

STEP 01　将刘海区的头发向一侧梳理平滑。

STEP 02　从两侧发区取头发，将其相互交叉。

STEP 03　继续向下进行鱼骨辫编发。

STEP 04　编发应呈上松下紧的状态。

STEP 05　用三股辫编发的形式收尾。

STEP 06　将编好的辫子用皮筋固定。

STEP 07　将辫子盘绕至后发区一侧并固定。

STEP 08　在刘海分界线位置佩戴绢花，装饰造型。造型完成。

所用手法

① 鱼骨辫编发

② 三股辫编发

造型重点

在编发的时候松紧度要适中，不要将头发编得过紧，否则会使造型显得过于死板。

Hairstyle and Makeup

妩媚风格晚礼妆容造型

操作步骤

STEP 01 粘贴假睫毛后，在上、下眼睑用铅质眼线笔描画全框式眼线。

STEP 02 在眼头位置晕染白色珠光眼影，进行提亮。

STEP 03 在上眼睑涂抹白色珠光眼影。

STEP 04 在上眼睑后 1/3 位置晕染紫色亚光眼影。

STEP 05 在上眼睑眼头位置晕染紫色亚光眼影。

STEP 06 在下眼睑后半段晕染紫色亚光眼影。

STEP 07 在上眼睑中段位置晕染金色眼影。

STEP 08 用水性眼线笔在上眼睑描画一条细致流畅眼线，眼尾要上扬。

STEP 09 用水性眼线笔勾画内眼角，内眼角眼线与上眼线自然衔接。

STEP 10 用咖啡色眉笔描画眉形。

STEP 11 继续向后描画眉形，眉形要流畅自然。

STEP 12 在唇部涂抹红色亚光唇膏，唇形轮廓要饱满。

STEP 13 在上、下唇高点处涂抹较浅的唇膏，增加唇妆的立体感。

STEP 14 斜向晕染红润的腮红，提升面部的立体感，使肤色红润自然。

配色方案

眼妆采用紫色亚光眼影与金色眼影相互结合，形成金色、紫金色和紫色之间的漂亮的色彩过渡。唇妆的红色亚光唇膏提高了妆容色彩的饱和度。

妆容重点

用眉笔描画眉毛的时候，眉头位置的描画力度要轻柔，并且要注意眉头位置的线条走向。

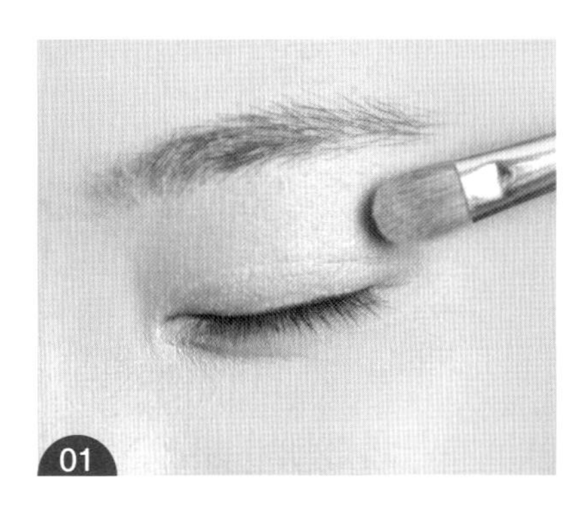

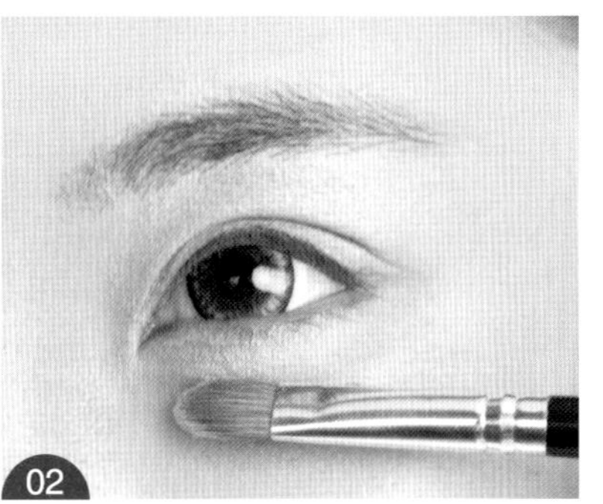

操作步骤

STEP 01 用白色珠光眼影在上眼睑晕染，提亮肤色。

STEP 02 在下眼睑眼头位置晕染白色珠光眼影，提亮肤色。

STEP 03 在上、下眼睑晕染金棕色眼影，然后用水性眼线笔描画上眼线，眼尾要自然上扬。

STEP 04 用水性眼线笔勾画内眼角，与上眼线自然衔接。

STEP 05 在下眼睑粘贴几簇自然感下睫毛，弧度要自然。

STEP 06 用灰色眉笔描画眉形，眉形要平缓自然。

STEP 07 斜向晕染粉嫩感腮红，提升面部的立体感。

STEP 08 在唇部涂抹桃红色唇膏，唇形轮廓要清晰饱满。

配色方案

眼妆用白色珠光眼影与金棕色眼影搭配，白色珠光眼影起到调和金棕色眼影的作用，使其色彩更加自然。唇妆的桃红色起到调和妆容柔和感的作用。

妆容重点

在用水性眼线笔勾画内眼角的时候，可以让新娘睁开眼睛描画，这样可以使线条更加流畅。

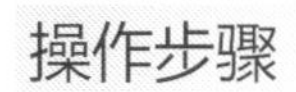

操作步骤

STEP 01 在头顶一侧佩戴饰品，装饰造型。

STEP 02 将两侧发区的头发在后发区底端衔接在一起。

STEP 03 将衔接好的头发进行三股辫编发。

STEP 04 继续在辫子上方取头发，进行三股辫编发。

STEP 05 将剩余的头发进行三股辫编发。

STEP 06 将最下方的辫子向一侧盘绕并固定。

STEP 07 将最上方的辫子向上盘绕并固定，与第一个固定的辫子交叉。

STEP 08 将最后一条辫子向另外一侧盘绕并固定。

STEP 09 造型完成。

难度系数

★★★☆

所用手法

三股辫编发

造型重点

此款造型采用简单的三股辫编发完成，在造型的时候要注意这几条三股辫之间的分区层次和盘绕的方法，不要将其生硬地衔接在一起。

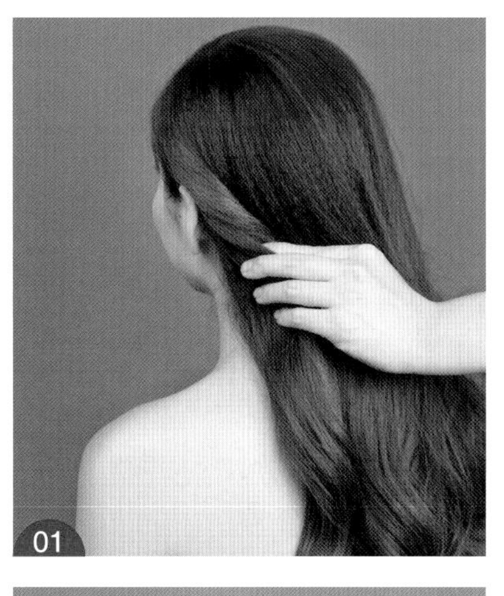

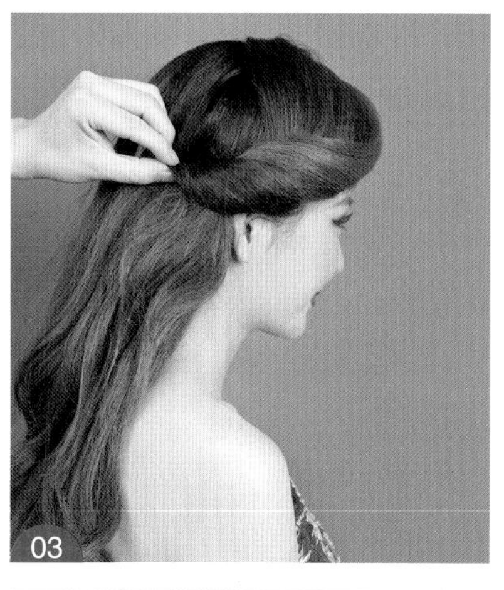

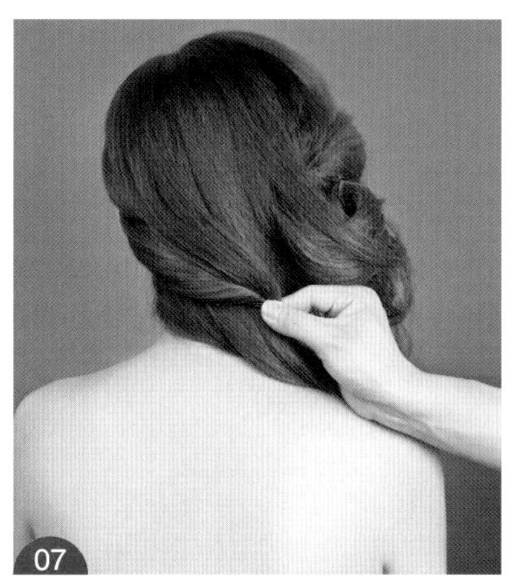

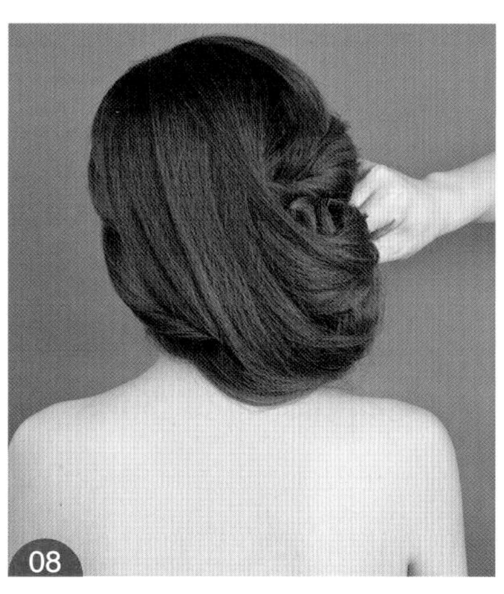

操作步骤

STEP 01 将一侧发区的头发向后扭转并固定。

STEP 02 将刘海区的头发以尖尾梳为轴向上翻卷。

STEP 03 将翻卷好的头发在后发区位置固定，并对其轮廓做调整。

STEP 04 在后发区取头发，在一侧向上打卷并固定。

STEP 05 将固定之后剩余的发尾继续向上打卷并固定。

STEP 06 继续在后发区取头发，在刘海区的固定点打卷并固定。

STEP 07 将后发区一侧的头发带至另外一侧，扭转并固定。

STEP 08 将后发区位置剩余的头发在一侧打卷并固定。

STEP 09 佩戴饰品，对造型进行修饰。造型完成。

难度系数

所用手法

① 上翻卷造型　② 手打卷造型

造型重点

头发在侧发区的打卷是分层完成的，这样做有利于头发的固定，并且使造型层次感更加丰富。

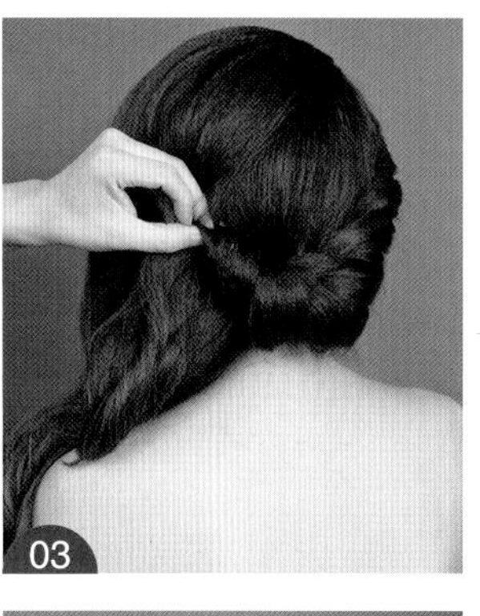

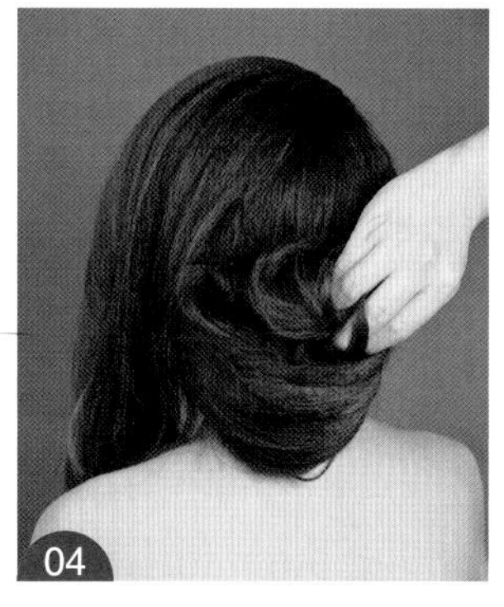

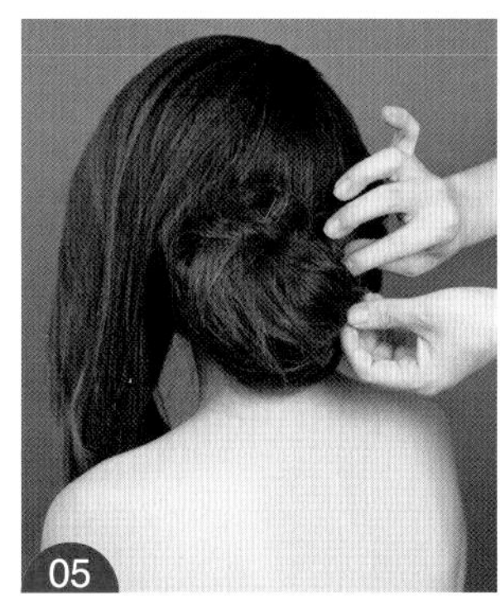

操作步骤

STEP 01　将侧发区的头发一分为二，准备进行两股辫编发。

STEP 02　边编发边带入后发区的头发，注意调整编发的角度。

STEP 03　在后发区位置将头发向上提拉，扭转并固定。

STEP 04　将固定之后剩余的发尾在后发区底端盘绕并打卷。

STEP 05　将打卷好的头发固定。

STEP 06　将一侧发区的头发在后发区位置打卷并固定。

STEP 07　将刘海区的头发在后发区位置扭转。

STEP 08　将扭转好的头发在后发区位置打卷并固定。

STEP 09　在后发区头发的底端佩戴造型花，装饰造型。

STEP 10　在后发区右侧佩戴造型花，装饰造型。

STEP 11　在后发区左侧佩戴插珠，对造型进行装饰和衔接。

★★★

① 两股辫编发

② 手打卷造型

造型重点

因为后发区底部轮廓是依靠两股辫编发的发尾完成的，所以两股辫编发收尾位置的固定要牢固。如果发量较多的话，可以考虑用交叉卡固定或在多处下发卡固定。

操作步骤

STEP 01 在一侧发区取头发，进行三股辫编发。

STEP 02 在刘海区取头发，进行三股辫编发。

STEP 03 继续取一片头发，进行三股辫编发。

STEP 04 将两侧发区连同刘海区的头发在后发区位置扭转并固定。

STEP 05 在后发区一侧取头发，扭转并固定。

STEP 06 将一侧发辫固定在固定好的头发上。

STEP 07 将另外一侧发区的两条发辫在后发区位置固定。

STEP 08 将后发区一侧的头发向上翻卷并固定。

STEP 09 继续在后发区取头发，向上提拉，扭转并固定。

STEP 10 以同样的方式连续操作，注意造型的空间感。

STEP 11 将剩余发尾收尾并固定，调整造型轮廓的饱满度。

STEP 12 佩戴饰品，装饰造型。造型完成。

难度系数

所用手法

① 三股辫编发

② 上翻卷造型

造型重点

在处理后发区位置的轮廓和层次时，注意结构的衔接要保留一定的空间感，不要衔接得过紧，否则会使造型很死板。

01

02

03

04

05

06

07

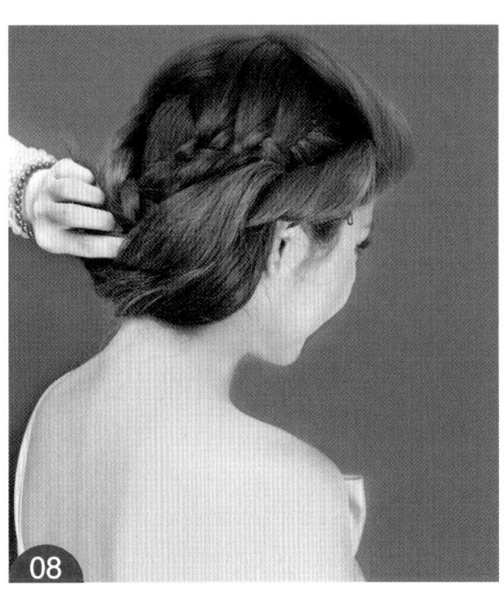
08

09

操作步骤

STEP 01 将一侧发区的头发用三股辫连编的形式编发。

STEP 02 将另外一侧发区的头发用三股辫连编的形式编发。

STEP 03 将一侧发区的头发向另外一侧打卷并固定。

STEP 04 将另外一侧发区的头发用同样的方式操作，固定的点要比较低。

STEP 05 将后发区底端的头发左右交叉，将其中一片向上翻卷并固定。

STEP 06 将另外一片头发向上翻卷并固定。

STEP 07 将刘海区的头发向下扣卷并固定。

STEP 08 固定之后将剩余发尾连续扣卷，在后发区位置固定。

STEP 09 佩戴饰品，修饰造型。造型完成。

难度系数

所用手法

① 三股辫连编

② 下扣卷造型

造型重点

刘海区位置的连续扣卷不但丰富了造型层次，同时还为饰品的佩戴提供了合适的空间。

操作步骤

STEP 01　将一侧发区的头发用三股一边带的形式向后发区方向编发。

STEP 02　将编好的头发在后发区另外一侧固定。

STEP 03　从一侧发区开始斜向下用两股辫连编的形式编发。

STEP 04　继续向下编发，将头发带至后发区另外一侧。

STEP 05　将编发收尾后向上扭转并固定。

STEP 06　将刘海区的头发向下扣卷并固定，将剩余的发尾编两股辫，在后发区底端固定。

STEP 07　将后发区位置剩余的头发用两股辫连编的形式带至后发区另外一侧。

STEP 08　将发尾向上打卷并固定。

STEP 09　在头顶位置佩戴饰品，装饰造型。造型完成。

① 三股一边带编发

② 两股辫编发

在编发的时候，后发区位置两股辫编发的收尾可以用来塑造造型侧面的轮廓感。

操作步骤

STEP 01 保留刘海区的头发，将剩余的头发在后发区位置扎马尾。

STEP 02 将马尾中的部分头发进行三股一边带编发。

STEP 03 将马尾中剩余的头发进行三股一边带编发。

STEP 04 将其中一条辫子向头顶方向盘绕并固定。

STEP 05 将另外一条辫子向头顶方向盘绕并固定。

STEP 06 将刘海区的头发翻卷并固定好，将发尾一分为二。

STEP 07 将两片头发相互扭转后在顶发区位置固定。

STEP 08 在头顶位置佩戴蝴蝶结，装饰造型。

STEP 09 造型完成。

★★★

所用手法

① 扎马尾

② 三股一边带编发

造型重点

此款造型将三股一边带编发向上盘绕，塑造顶发区造型的轮廓感。编发的纹理可使顶发区的轮廓感更加自然。

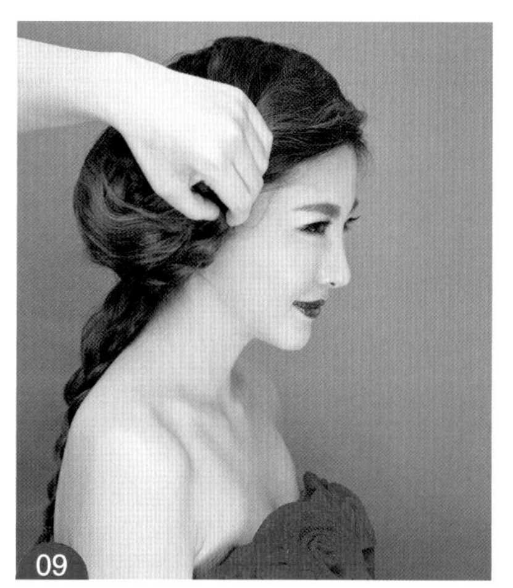

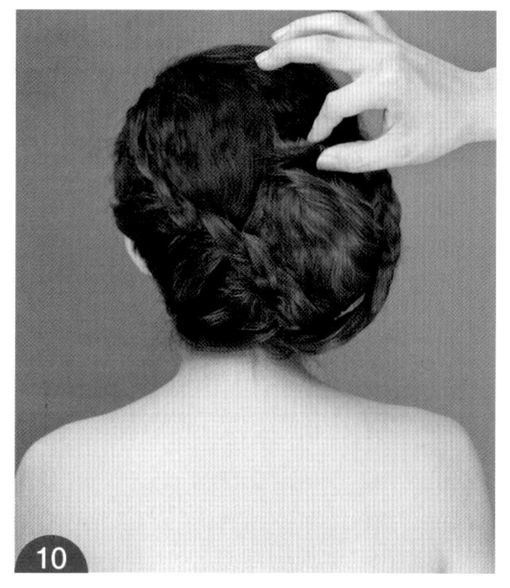

操作步骤

STEP 01　将刘海区的头发用三股一边带的手法编发。

STEP 02　继续向下编发，带入部分后发区的头发。

STEP 03　将编好的辫子打卷，在后发区位置固定。

STEP 04　将后发区的部分头发进行三股辫编发并固定牢固。

STEP 05　将另外一侧发区的头发用三股一边带的手法编发。

STEP 06　边编发边带入后发区的头发，用三股辫编发的手法收尾。

STEP 07　将侧发区剩余的头发倒梳。

STEP 08　将倒梳好的头发向后上方翻卷，在后发区位置固定。

STEP 09　将后发区一侧的发辫在刘海区下方固定。

STEP 10　将后发区剩余的发辫向一侧盘绕并固定。

STEP 11　佩戴饰品，装饰造型。造型完成。

★★★☆

所用手法

① 三股一边带编发

② 三股辫编发

造型重点

在打造此款造型之前，要先清楚摆放头发的位置，这样才能准确地知道编辫子的方向，并使辫子之间更自然地衔接。

操作步骤

STEP 01 将一侧发区的头发向上扭转并固定。

STEP 02 将后发区的头发向上提拉，扭转并固定。

STEP 03 将另外一侧发区的头发向上提拉，扭转并固定。

STEP 04 将固定之后剩余的发尾结合在一起。

STEP 05 用尖尾梳对发尾的层次做出调整，使其呈现更饱满的轮廓感。

STEP 06 佩戴饰品，对造型进行装饰。造型完成。

难度系数

★★★★

所用手法

① 扭转并固定

② 倒梳

造型重点

此款造型的结构非常简单，但处理起来并不容易。在用尖尾梳处理头发的层次的时候，要注意最终应使其呈现饱满的轮廓感。

01

02

03

04

05

06

07

08

09

10

11

12

13

操作步骤

STEP 01 从后发区一侧取头发，扭转并横向下发卡固定。
STEP 02 继续在后发区位置横向下发卡固定。
STEP 03 可以多下几个发卡，使其固定得更加牢固。
STEP 04 在后发区位置继续取头发，扭转并固定。
STEP 05 将刘海区的头发在后发区位置扭转并固定。
STEP 06 将后发区的部分头发向上翻卷并固定。
STEP 07 将后发区剩余的头发向上固定。
STEP 08 调整后发区的头发的层次感，使其呈现自然饱满的轮廓。
STEP 09 在头顶位置用发带进行装饰。
STEP 10 将发带两端在后发区位置固定在一起。
STEP 11 在后发区位置佩戴鲜花，装饰造型。
STEP 12 继续佩戴鲜花，使其呈现更好的层次感。
STEP 13 佩戴红色饰品，装饰造型。造型完成。

★★★

上翻卷造型

造型重点

发带的运用起到了承前启后的作用，丰富了造型，同时也使造型与服装之间的关系更加协调。

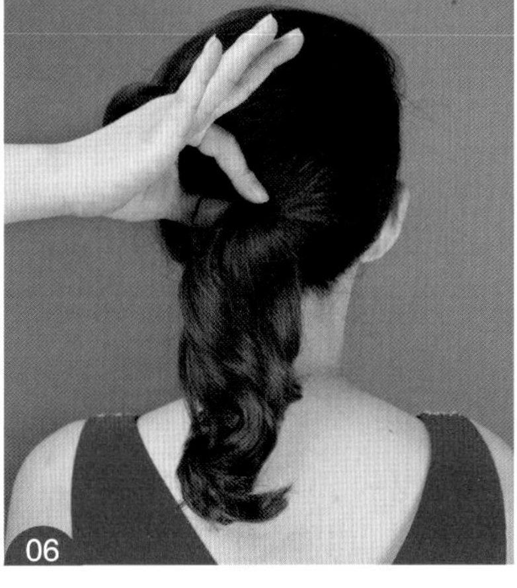

操作步骤

STEP 01 用尖尾梳辅助将刘海区的头发向上翻卷。

STEP 02 将翻卷好的头发固定。

STEP 03 在刘海区翻卷的后方继续取头发，向上翻卷。

STEP 04 以同样的方式继续取头发，向上翻卷。

STEP 05 将翻卷好的头发固定并对其弧度做调整。

STEP 06 将剩余的头发在后发区位置扎马尾。

STEP 07 在扎好的马尾中分出一片头发，向下打卷。

STEP 08 继续分出一片头发，向下打卷。

STEP 09 将打卷的头发固定并对其饱满度做调整。

STEP 10 佩戴纱帽饰品，装饰造型。造型完成。

难度系数

★★★☆

所用手法

① 上翻卷造型

② 手打卷造型

造型重点

此款造型整体偏向一侧，纱帽饰品的佩戴刚好平衡了造型，使整体轮廓更加饱满。

操作步骤

STEP 01 将刘海区的头发向下打卷并固定。

STEP 02 用尖尾梳调整头发的轮廓，并对细节位置固定。

STEP 03 将一侧发区的头发向后提拉，扭转并固定。

STEP 04 将后发区的部分头发固定在刘海区的结构上方。

STEP 05 用尖尾梳对刘海区造型的轮廓做调整。

STEP 06 将后发区剩余的头发向另外一侧扭转并固定。

STEP 07 用手抽撕头发，增加其层次感。

STEP 08 用尖尾梳辅助将头发自然地向上固定。

STEP 09 在一侧固定网眼纱，并适当对额头位置进行遮挡。

STEP 10 继续向前固定网眼纱，将其抓出自然的褶皱和层次。

STEP 11 继续向前固定网眼纱，使其呈现饱满的层次感。

STEP 12 佩戴造型花，对造型进行修饰。造型完成。

所用手法

手打卷造型

造型重点

将刘海区的头发打卷时要注意角度的调整，刘海区造型整体呈收拢状态，并且表面要有适当的蓬松感，不要处理得过于光滑。